心动力丛书

# 拒绝敏感

## 高敏感人士自救指南

[日] 武田双云 著

郑 然 译

中国科学技术出版社
·北 京·

图书在版编目（CIP）数据

拒绝敏感：高敏感人士自救指南 /（日）武田双云
著；郑然译 . -- 北京：中国科学技术出版社，2023.7
（心动力丛书）
ISBN 978-7-5236-0248-5

Ⅰ.①拒… Ⅱ.①武… ②郑… Ⅲ.①心理学—通俗
读物 Ⅳ.① B84-49

中国国家版本馆 CIP 数据核字（2023）第 084503 号

版权登记号：01-2023-2838

| | | |
|---|---|---|
| 策划编辑 | 符晓静　王晓平 | |
| 责任编辑 | 符晓静　王晓平 | |
| 封面设计 | 沈　琳 | |
| 正文设计 | 中文天地 | |
| 责任校对 | 焦　宁 | |
| 责任印制 | 徐　飞 | |

| | | |
|---|---|---|
| 出　　版 | 中国科学技术出版社 | |
| 发　　行 | 中国科学技术出版社有限公司发行部 | |
| 地　　址 | 北京市海淀区中关村南大街 16 号 | |
| 邮　　编 | 100081 | |
| 发行电话 | 010-62173865 | |
| 传　　真 | 010-62173081 | |
| 网　　址 | http://www.cspbooks.com.cn | |

| | | |
|---|---|---|
| 开　　本 | 880mm×1230mm　1/32 | |
| 字　　数 | 99 千字 | |
| 印　　张 | 5.125 | |
| 版　　次 | 2023 年 7 月第 1 版 | |
| 印　　次 | 2023 年 7 月第 1 次印刷 | |
| 印　　刷 | 北京荣泰印刷有限公司 | |
| 书　　号 | ISBN 978-7-5236-0248-5 / B・145 | |
| 定　　价 | 48.00 元 | |

# 序 言

我为有以下这些烦恼的人写了这本书。

○ 过于在意他人的情绪，不能享受对话的过程；
○ 忍不住为各种各样的小事担心；
○ 想缓解压力，却不知道方法；
○ 一旦陷入消极情绪，就很难走出来。

周围的人经常说我是一个天生乐观、不为小事而生气的人。

现在的我确实如此，但以前我不是这样。

小时候，我对很多事情都很敏感，总是过度解读别人的心思。特别是在我开始以书法家的身份出现在电视上之后，我总是感到不安，担心哪一天因为自己的言论不小心伤害、冒犯到别人。

我厌倦了做一个"过于敏感的自己"，突然想到如果能和这种敏感和解，我会不会生活得更快乐？

敏感的人，能够更敏锐地感知他人的情绪、内心想法、真实意图，以及恶意、狡猾等消极的部分。这使他们比一般人更容易感到畏缩、拘谨和沮丧。

## 正因为敏感，才变得幸福

所以，我想如果我能够轻易地察觉到事物的消极面，那么反过来，我也可以敏锐地感受到生活中的幸福和美好。

敏感的人更容易注意到他人的优点，他人的烦恼，生活中微小的幸福，普通人容易忽略的自然之美、艺术之美以及社会中存在的机会。换句话说，敏感本质上是一种"快乐的性情"，它能为我们带来"快乐的生活"。

因此，对于那些总是压抑自己、告诉自己"不能失落""不能神经质"的人来说，接纳自己是很重要的。

敏感既不是软弱，也不是缺点，与其过度烦恼，不如与它和解，这是今后轻松生活的秘诀。请参考我在本书中提到的经验和观点，试着找到属于自己的方法，不要着急，也不要勉强。

希望有一天你也能像我一样认为："正因为敏感，才变得幸福。"

# 目　录

# 第 **1** 章

# 试着打破偏见

# ①①

# 与别人比较时，不要急躁，不要焦虑，不要竞争

你还记得第一次学骑自行车时的情景吗？

那时候，你大概 6 岁。一开始，你需要通过辅助轮的帮助，才能在骑行中掌握平衡。如果拆掉辅助轮，就算再努力，你也只能摇摇晃晃地、艰难地骑个两三米，不能完美转弯，也不能安全停车，不断摔倒让你感觉很害怕、很痛、也很不甘心。

然而，大部分的孩子不会因为"学不会很丢脸"或者"没有别人骑得好"这样的想法而放弃。

那时，身为孩子的我们，脑子里只有"我想学会骑自行车"以及"怎样才能学会骑自行车"这样单纯的想法（如果有的孩子半途而废，那一定是因为没有人在这件事上好好地支持他、鼓励他）。

举个更极端的例子，当一个婴儿开始学步时，几个月大的婴儿并不会觉得自己不会走路很丢脸，也不会觉得如果学不会走路，可能会受到批评。只有那些好面子的父母，才会担心这种事。

随着年龄的增长，人们获得了更多的社会经验，对新鲜事物的预见性也更强。因此，他们倾向于不为成功找方法，而为失败找理由。

很多人还没有尝试，就过早地放弃了。他们认为成年之后不可能再学会一项新运动、一门新乐器，更不可能在书法方面取得成就。

因为自己的实力不足而未完成某项挑战是情有可原的，但还没有尝试就断定自己不行，或担心自己做不好，并因此选择放弃，不是很可惜吗？我们应该做自己想做的事，不必太在乎别人的看法。

在我的书法课上，我也是这样告诉学生的。

不管你有多笨，也不管你写的字有多难看，只要你肯花时间去练习书法，就一定会有进步。你只需要按照自己的节奏，以一种轻松愉快的方式不断地练习。没有谁从一开始就能做得很好，每个人学习的速度和成长的进度都是不一样的。

如果有人告诉你，"你必须在 1 个月之内学会某件事"，或者"你必须在 1 年之内像专业人士一样厉害"，你就会因为过多地去设想这件事有多困难，而不愿意去尝试。

不要着急，不要焦虑，不要竞争。这是你的人生，你

只需要做自己想做的事。因为想做而自觉地去做，不要在意别人怎么说。

　　这样不是很好吗？

# 02

# 让你感到最轻松的，
# 就是最"正确"的

　　我曾和工藤公康[①]（福冈软银鹰队的前总教练）先生有过一次对话。由于我在上小学和初中的时候打过棒球，所以我们聊了很多关于棒球的话题。当时工藤先生说的一番话，让我颇为震撼。

　　据他说，就挥杆击球的动作而言，在我们年轻的时候，以"下挥杆"为标准的挥杆动作，即从肩部斜向下挥杆；而现在，则以"上挥杆"为标准的挥杆动作，即从下面向上挥杆。

　　"诶？"我惊讶地叫出了声。工藤先生笑着解释道："以'下挥杆'为标准的挥杆动作，在 20 年前是共识，放在现在这个时代就完全行不通了。为什么大家不再考虑下挥杆了呢？假如投球手从上方抛出一个球，球由于重力作

---

① 　工藤公康（1963—　），爱知县名古屋人。日本前职业棒球运动员。

用向下坠落。与此同时，击球手从上向下挥杆，他就只能在球垂直坠落的轨迹线与挥杆线的交叉点击中球，但如果击球手从下向上挥杆，他就可以从下面以同样的轨迹线迎接球。两条线相交的概率比线与点相交的概率更大，所以击球手击中球的概率也会更大。"

工藤先生说得没错。除了这件事，与过去相比，许多旧的常识理论都迎来了新的转变。这不禁让我思考，学生时代的我一直努力争取的到底是什么。

仔细想想，"常识"或"正确的知识"是多么可怕，迄今为止你所深信不疑的常识，随着时代的变迁，有可能会完全发生改变。

"我们被教导的事情是绝对正确的""我们必须掌握正确的学习方法"这些人们所信奉的至理名言、这些根深蒂固的观念，似乎在社会的各个领域中仍然普遍。

我在教书法的时候，会尽量不让学生有"必须这样做"的刻板印象。

一个左撇子的学生问我："毛笔一定要用右手拿吗……"

我告诉他："如果两只手都可以拿笔，那就太酷了。其实，用哪只手拿笔并不重要，我也是天生的左撇子。如果你两只手都可以拿笔写字，写起字来当然会更有意思。"

汉字是右撇子创造的，所以只适合右撇子书写。如果用右手写字，会书写得更快。

进步确实是有捷径的，但这条捷径并不一定适合你，所以对你来说它不一定是最正确的。

每当我表达出这样的观点时，人们都会被我的一番言论震惊到。他们认为一定有绝对正确的握笔方式，但世事无绝对。换句话说，你可以用自己喜欢的任何方式去握笔。

本来，中国人和日本人的书法就有所不同。

说到握笔姿势，中国人讲究从侧面握住毛笔，而日本人则讲究用手指捏住毛笔。日本人在握笔时，也有不同的握法，有的人从侧面握住毛笔，有的人则斜着握住毛笔。

我会教给学生们握笔的方法，但不会要求他们"必须这样握"。如果他们用我教的方法写字不舒服，那我会告诉他们："让我们找一个更适合你、更轻松的握笔方法吧。"

写字坐姿也是如此。很多人认为"跪坐"才是标准的写字姿势，这实在是过于单纯的一己之见。

在我的书法课上，每个学生都能以对他们来说最舒服的坐姿写字。膝盖疼的人也不必强迫自己非得双膝着地，以"跪坐"的姿势写字。

有趣的是，我这种因人而异的施教方法，和我作为学生在上网球课和冲浪课时，教练对我的施教方法是一样的。

我的教练指引我找到了最轻松的学习方法。他告诉我："在很多不同的学习方法中，哪一种对你来说更轻松？对

你来说最轻松的学习方法，就是最正确的学习方法。"

如果敏感的你，也被世人眼中的对错所束缚，那就该勇敢地摆脱"正确"的魔咒，找到最适合自己的方法。

因为对你来说，最轻松的方法才是最正确的方法。

> 对你来说，摆脱所谓"正确观念"的束缚，才是"正确"的。

# 03

# "缺乏自信"
# 也可以变成一种优点

如果你对自己没有信心，或者担心现在的工作不适合自己，那我建议你试着去寻找正因为不自信才能胜任的事情。

我也是一个没有自信的人，过去是这样，现在也是如此。

其实，我当初是没有信心开书法教室的。

我的母亲（武田双叶 [①]）是一名书法家，她曾建议我开一间书法教室。我当时只有 25 岁，虽然接受过专业的教师培训，但我觉得自己和著名书法家的字比起来还相差甚远，而且跟我学书法的学生年纪都比我还要大，因此对于要开书法教室这件事，是一点儿自信也没有。

许多来上书法课的成年人从小就学习书法，他们不仅字写得很好，对书法的认识也很深刻。凡是靠教人知识赚钱的

———————————
① 武田双叶（1952— ），原名武田真理子，熊本县熊本市人，日本书法家。

行内人都知道，这种学生通常会让老师感到很紧张（顺便说一下，我那可怜的弟弟就是个例子。他开书法教室后教的第一个学生，就是曾经赢得全国书法比赛一等奖的人）。

　　我在教书法的时候，经常怀疑自己作为一个老师是否真的够格，也会产生"我可能不适合当老师""外面明明有那么多著名的书法家，我真的可以教别人吗"这样的想法。

　　当时我想，在没有过人的知识、没有充足的经验和信心的情况下，该怎么授课？我想到了一个办法，那就是寓教于乐。于是，我带着学生们去海滩，让他们把字写在团扇上，还开发出了一个叫作"接力书法"的游戏。

　　所谓"接力书法"指的是学生们一人一笔共同完成一个字，这是一种练习书法的方式。日本电视台的《世界上最想上的课》[①]节目组的制作人从我的著书中了解到了"接力书法"，于是邀请我参加他们的节目。节目在试行期间大受好评，所以现在"接力书法"在那档节目中成了固定环节，大家都可以在电视上看到。

　　得益于这个节目，"接力书法"在日本各地的学校和教育机构中得到了很好的推广，而我作为一名教师也变得更有自信。

　　没有自信，反而会促使自己激发想象力去寻找各种各样的可能性。如果你对一件事情没有自信，那么就把这件

---

① 世界上最想上的课（英文：The Most Useful School in The World），日本电视台自 2004 年 10 月 30 日起，每周六播出的教育类综艺节目。

事当作一个寻找创意的契机就好了。

从某种意义上来说，"接力书法"也可以说是一种"逃避"，但正因为我就是我，我找到了自己可以做到的事，所以凸显了自己的原创性，这就是我从"接力书法"中学到的东西。

要说其他我对自己不自信的地方，就是从小到大都过于健谈这一点。我经常被别人认为轻浮，他们会对我说："你话好多啊！"这样的评价让我感到自卑，所以我一直十分憧憬和自己完全相反的那种冷酷寡言的帅哥演员。

尤其是我的身份是一名书法家，如果我保持沉默寡言，会更符合书法家的人设。可事与愿违，只要我打开话匣子，就绝对停不下来，所以我只能不停地事后自责。

然而，也正得益于我的健谈，现在我能够轻松参加各类电视节目、接受杂志采访，甚至到全国各地去做演讲，每天都在不同的场合说个没完。

不仅如此，在书法课上，为了能够更好地引导学生，我要和他们多沟通，进行坦诚的对话。这些经历都让我开始重新审视自己，我不再因为健谈而自卑，也不再因此判定自己是一个轻浮的人。现在的我把它看作一个优点。

如果你敢于承认自己不够自信，能够直视自己的缺点，那么你就有可能发现自己新的一面。

那些曾让你感到自卑的缺点会引领你找到自己的优点。

这也将成为你重新赋予自己的个性和力量。

# 04

# "做不到"的事有很多，但"做得到"的事更多

我刚才提到，要直视自己的缺点，并思考如何将它转化为优点，让它成为你赋予自己的个性。这固然重要，但更重要的是，如果你不想做某件事，不用强迫自己去做。

我从小就不会组装东西。不管读了几次组装说明书，我也理解不了其中的意思。我从来不会因为要组装个什么东西而感到兴奋，对这件事完全提不起兴趣，所以我甚至都没有组装过一个塑料模型，也从来没有买过一件需要组装的家具。

但我已经是一个成年人了，如果有人要求我必须去组装个什么东西，我倒也能组装好。只要我花上足够长的时间，大概也能完成任务。但如果有选择的话，我不会去做，因为对我来说组装一件东西的时间成本实在是太高了。

换句话说，我们应该把注意力集中在自己能做到的事上，而不是在我们做不到的事上反复纠缠、自怨自艾。

再举个例子，关于我拿筷子这件事。

我从小拿筷子的方式就很奇怪，这让我很自卑。因为我是左撇子，所以早早就放弃了矫正，但是录制电视节目的时候，我还是收到了来自观众的提醒，这才让我下定决心改正。

为了矫正拿筷子的姿势，我特意去上了礼仪课，结果还是做不到。不管怎么努力，我都无法改掉那个习惯，所以就连老师也认为我改正不过来了。作为一个学生，被老师放弃对我来说是一个很大的打击。

我把这个故事当成一个笑话讲给书法班的学生们听，轻松地告诉他们我也有过"被老师放弃"的黑历史。

"即使做不到也没关系"，如果你能接纳这样的自己，就不会再感到自卑。

其中一个学生对我说："老师，别担心，我可以帮你，我以前是幼儿园老师，教会过很多不会使用筷子的孩子"。

"哦——那可太好了！"

"加油，加油，手再放松一点儿。"

"是这样吗？"

"对，就是这样，我们继续练习，直到学会为止。"

在那位学生的指导和鼓励下，我学会了怎样使用筷子，也终于能夹起米饭了。

由于刚学会不久，这个动作还没有完全形成肌肉记忆，所以我偶尔还是会忘记该怎么拿筷子。但这件事让我知道自己可以做到以前认为绝对做不到的事，这种受到肯定的感觉很好。

有些事情现在做得到也好，做不到也好，对自己再多一点耐心，哪怕花上个5年、10年，只要最后能学会就好了。完全跟随自己的内心，在想做的时候就去做，这就是所谓的"不着急，不焦虑，不竞争"。

即使不会组装家具和塑料模型、即使不会做饭也不会缝衣裳，我都照样可以好好地生活。我告诉自己做不到也没关系，不要因为做不到的事而感到自卑。

一旦你能这么想，生活就会变得轻松很多。

# 05

# 树立正确的目标、
# 认识到自己的能力以及
# 甘愿做配角尤为重要

对于做不到的事，有人会认为"做不到也没关系"。也有人认为"如果可以，还是想要努力做到"。事实上，经常有人问我："到底要怎样努力才能成功完成某件事？"

当然，具体方法根据不同的事情而不同。在这种时候，我一般会给出以下 3 个建议。

一是要"树立正确的目标"。

最近，有朋友问我如何才能成为一个谈吐幽默的人，因为他的性格过于严肃，妻子总是抱怨他讲话无趣。

面对这种情况，当下最要紧的不是去买一本笑话大全，也不是去买一本谈话之道，而是要先树立一个正确的目标。给不喜欢玫瑰的人送 100 朵玫瑰也不会令她高兴，给不喝酒的人送一瓶再高级的酒也不会讨他欢心。

就这个事例来说，正确的目标不是指"简单地讲个好笑的笑话"，而是指"能说出让妻子觉得好笑的话"。这个时候，如果是我，首先会去弄明白妻子认为的有趣指的到底是什么。

是要像搞笑艺人那样在谈话中抛出一个个巧妙的梗，还是要运用双关语和自嘲式的插科打诨来博笑，或许是充满知性的深层次精神交流，又或许这位妻子希望的只是丈夫能够耐心而饶有兴致地听她单方面倾诉？

只有首先弄清楚这一点，才能了解努力的正确方向。

有人说，"我想变成有钱人"，那么最重要的也是先树立一个正确的目标。

如果问说这句话的人："你理想的年薪是多少？具体想赚多少钱？过怎样的生活？"他们中的大部分人会模棱两可地回答："能赚这么多就行吧"，或许很少有人会认真地去研究他们想成为的那种有钱人的生活方式和思维方式是什么样的，烦恼是什么，生活水平有多高以及如何才能赚到维持这种生活水平所需的钱。

简而言之，许多人在努力的同时，没有为自己的未来设定一个明确而具体的目标。这反而会造成一些不必要的辛苦，甚至有人会因此放弃挣扎，停下脚步。

正如本书反复提到的那样，想得太多，往往就会懒于行动。不要提前预支烦恼，先动起来是最重要的。然而，如果没有提前设立一个正确的目标，就算跑得再快，最终也会迷失方向，落得一个碌碌无为的下场。

顺便说一句，在我辞去公司职员的工作后，我周围的人经常告诉我："你会为钱烦恼的。"而我希望自己以后能够完全不再担心赚不到钱的问题。

我想知道有钱人都是什么样的人，他们会以怎样的心情付钱。为此我特意去了高级酒店的咖啡馆和休息室，想观察一下在这种地方消费的人。我不想只是通过阅读大量的书来获取信息，我还想亲眼看看有钱人在现实生活中是如何表现的。现在看来，这实在是一个单纯的想法。

因为你不可能仅凭这一点就知道有钱人是什么样子的。但有趣的是，我看到他们几乎都点了最普通的 4000 日元左右的午餐，完全没有表现出被其他高价格食物所吸引的样子。我首先感到惊讶，然后觉得他们很聪明。

二是要"搞清楚自己能做什么"。

前几天，有个人向我咨询，说他不善言辞，在酒局上即使喝了酒也话不多，所以总为自己不能炒热气氛而沮丧。

在这种情况下，"能做到的事"有两种。首先，如果你只想稍微活跃一下酒局气氛，那么只要肯认真地规划战略，并花时间去练习，无论什么样的人都能做到。

明石家秋刀鱼<sup>①</sup>是一个活跃气氛的天才。当然，普通

---

① 明石家秋刀鱼（1955— ），原名杉本高文。日本落语家、搞笑艺人。

人不可能做到像他一样活泼。如果是不善言辞的人，可能都无法说出一个好笑的笑话，也不能讲完一个有意思的故事。

其次，即使你讲不出有趣的话，也有其他办法让气氛活跃起来。比如，学习大众占卜和简单的圆桌小魔术，提前准备心理学方面的话题，或心理测试小游戏，你还可以通过力气比拼或者身体搞笑，表演个人才艺。

虽然这可能需要一些时间，但记住，不要急躁，不要焦虑，也不要竞争。

三是要知道"即使是配角，也有自己的价值"。

即使做不了主角，做好配角或助手也是一件了不起的事。

比如，如果在那个酒局上，有人看起来很无聊，你可以主动去和他搭话，或者积极地为大家点餐，你可以谈论一些让现场更轻松的话题，或者表扬在场的成员，还可以邀请现场最活泼的人（活跃分子）帮你炒热气氛，让在场的每个人都感到愉快。这时的你虽然作为配角和助手，但所做的事从广义上来讲，也属于"活跃气氛"的范畴。

因此，在树立一个明确目标的基础上，要么花费一些时间发展个人技能，要么作为配角在幕后默默地做贡献。不论哪一个都是能炒热气氛的好主意，贯彻其中之一就好了。

# 06

# 原谅不够坚强的自己，不是只要"积极"，就一定会变得强大

有一天，一位年轻的同事因为工作上的事来拜访我。当我看向他时，注意到他的眼睑周围起了严重的皮疹，我建议他尽快去医院治疗。他却坚持说自己很好，只是因为这几天疲劳过度才会这样。甚至他会因为自己让大家担心这件事而感到很不好意思。

"不要这样，比起担心别人，更重要的是优先考虑自己。如果你已经意识到自己有这样的习惯，最好重新审视一下自己的生活模式"，在我对他说出这些话的时候，突然想到了生病前的自己，那时的我和他一样。父亲曾说过："如果去了医院，就觉得自己输了。"所以，他总是盲目地坚持自己的意见，无论谁劝也不听。

自从 2011 年患上胆结石，我的想法就彻底发生了改变。

回想起那段日子，其实生病的征兆很明显。那时，我经常感觉腹部的右上方疼痛，肩膀也非常僵硬，而且总是感到很疲惫。

在可预见的未来，我的日程已安排得满满当当。除了开班授课，我还要进行书法艺术创作、写书、到全国各地参加讲座、录制电视节目，同时做着好几份工作，就算睡上一觉也不能消除疲惫。早上醒来时，我的身体就像灌满了铅一样沉重。

但是人是可以尽其所能地燃烧自己的。虽然意识到自己的状态不好，但会忍不住想："我还能再坚持……"特别是当时，我的工作才刚刚开始顺利，所以在精神上我是非常愉快且满足的。

后来，突然有一天我倒下了。

由于疼痛难忍，我慌忙赶到医院，但我不想做手术切除胆囊，所以极力反抗，固执地拒绝西医，试图通过饮食疗法和中药治愈自己，这导致我后来又进了两次医院。

最终，我决定通过手术取出结石。这距离我第一次到医院就诊已经过去了 6 个多月。在接下来 1 年多的时间里，我继续承受着巨大的压力努力工作，但最后还是不得不向病痛屈服，承认是自己错了。

当时的我之所以如此努力工作，是因为我想快点成为我想成为的人。我想为自己创造更大的名声，这样的梦想和野心促使我执着地奔赴前方。所以，当我受到别人的严厉批评或中伤诽谤时，总是表现得很情绪化，也会觉得受到了不小的伤害。

那段时间，妻子是我的经纪人。由于我实在是太忙了，我们的交谈也常常变得冷漠。

所以我下定决心，不再做那个不顾一切努力向前奔赴的"武田双云"，我决定重置自己。我把工作量减少到以前的三分之一，不再那么勉强自己。

"不坚强也没关系"，能这样想的好处是，我终于能够放下不必要的自尊。我开始珍惜自己的身体，也学会了释怀别人的批评和中伤。正如一句老话，"他强任他强，清风拂山岗"，面对那些诽谤不去理会就好了。

如果觉得辛苦，逃避也没关系。不要强迫自己，不要做你不愿意做的事。你可以软弱一点，不与人争论，即使被取笑，也不会表现得过于情绪化。

如果你能接受"不那么坚强也没关系"，反而会变得强大，因为无人会与你为敌。只要不去战斗，敌人就不会存在。所以，如果有人取笑我，我可以坦率地承认："我本来就不是什么了不起的人……"如果有人批评我是一个轻浮的人，我也可以笑着回应："对啊，我就是很轻浮。"

我认为"积极"的定义不是变得强大，而是要勇于承认自己的软弱。只有这样，你才能够专注于自己能做到的事和更擅长的事；只有这样，你才会变得更加积极。

逃避也好、不够强大也好，不要勉强自己。如果你能这样想，身边自然就不会再有敌人了。

　　如果你不想承认自己的软弱，又因为责任感和敏感的神经促使你过于在意周围的人，那么我还是建议你勇敢地承认"软弱也没什么大不了的"。我知道，这对于年轻的你来说可能很困难，但还是希望你能够努力接纳不够好的自己。

# 07

# "假积极"其实是"真消极"

人们常常告诉自己"不要抱怨",也有人劝诫别人"不要抱怨"。

的确,在生活中的某些方面,语言创造了现实,所以这种观点有一定的道理。但我认为,即使抱怨也无伤大雅。事实上,当你处于痛苦之中,为了维护好心理健康,偶尔抱怨一下宣泄情绪也是十分必要的。

抱怨是一种"生理反应"。就像你吃到了坏的东西会忍不住吐出来一样,身体里的负面情绪也必须要及时宣泄出来。我认为抱怨作为生活中的一种行为方式,不该用好坏去评价。

所以,我会欣然接受别人的抱怨。通常情况下,如果你看到朋友在你面前呕吐,你会主动拍拍他的背或者帮他拿一些水过来。

之后,你们还会一起想办法让他快点好起来。虽然你很讨厌别人在你面前抱怨、发牢骚,但如果你不能容忍别人抱怨,你也不会允许自己抱怨。

抱怨，每个人都会有。如果你不能容忍别人抱怨，你也不会允许自己抱怨。

　　其实，那种不能容忍负面情绪的积极的人，实际上是"对自己很苛刻的人"。即使他们心情很糟糕，也只会独自一人默默承受那些痛苦和煎熬。

　　不允许消极，其实是最大的消极。首先，我认为我们不应该只用对立的词语去概括事物，比如，好或坏，积极或消极。我们可以更灵活地思考问题，而不是急于把结论定在其中一方，而否定另一方。

　　正如有人认为"抱怨是一种生理反应"一样，当被问到"这是一种积极向上的态度，还是一种消极厌世的态度"时，我们不仅可以从积极和消极两个角度去思考问题，还可以从其他角度和层面去思考问题。

　　这样，你看待问题的方式就变成了"也许现在是有些消极，但正朝着积极的方向努力"。虽然听起来好像在诡辩，但如果你能够摆脱那些假设和先入为主的观念，转而从一个完全不同的角度灵活地看待问题，心情就会变得更轻松，生活也会变得更快乐。

# 08

# 人生虽然只有一次，
# 但机会有很多次

通常来说，专业的冲浪者能够读懂波浪。他们知道什么样的波浪是好的，也知道如何抓住时机去乘风破浪，甚至知道对于冲浪者来说，什么样的海是危险而不能靠近的。

在人和人的交往中也有"波浪"，这里指的是时机。只要学会观察环境氛围、搞清状况，就能在对的时机处理好人际关系。

然而，也有人常常告诫我"机不可失，时不再来"，我却不这样认为。

为什么大家都那么着急地想要抓住机会？为什么就断定机会不可能再来了呢？

机会就像海浪，会来了又去，去了又来，日复一日地拍打在沙滩上。好浪，大浪，都会一个接一个地来。

机会是无穷尽的，即使错过一两次也没关系。你可

以抓住眼前的时机，也可以选择放它过去。没有必要匆忙，也没有必要焦虑，你完全可以按照自己的节奏去迎接挑战。

我的冲浪教练也曾建议道："武田先生，不必那么着急地去乘上每一道波浪。你看，好的波浪正一道又一道地向你涌来。"

虽然俗话说"幸运女神的后脑勺没有头发"（机会溜走了就抓不住了），但幸运女神还会再次经过啊。

如果你觉得并没有更多的机会到来，或许是因为你经验欠缺，没有看到机会，不具备识别机会的眼力，也或许是因为你只想抓住足够大的机会。

就拿冲浪打比方吧，很多好的冲浪点都不为一般人所知，向你涌来的波浪也各种各样。究竟哪一道浪才是好浪，这对每个人来说都不一样。你只需要找到适合你的那一道就好了。

我认为每天都充满了机会。

# 09

# 如果因为一些烦恼而无法工作，不要担心，试着把问题一分为二

当你感到烦恼时，不要像罗丹[①]的雕塑作品《思想者》[②]那样僵持着闷闷不乐，无论如何，先行动起来是很重要的。

一旦行动起来，我们的注意力就会被转移。只要用切实有效的行动取而代之，烦恼就会在行动中慢慢消退殆尽。

假如，你在工作中受到了领导的批评，回到家后依然感觉很沮丧。这时，一只讨厌的虫子突然朝你飞来。你会拿起杀虫喷雾，拼命地消灭它，同时也会忘记那个令人讨

---

[①]　奥古斯特·罗丹（1840—1917 年），法国雕塑家。

[②]　《思想者》，又称《沉思者》，法国雕塑家奥古斯特·罗丹创作的雕塑作品。雕像人物俯首而坐，右肘支在左膝上，右手手背顶着下巴和嘴唇，目光下视，陷入深思。

厌的领导，对吗？

　　也许以上的例子过于极端，但许多人在心情不好的时候，仍可以通过去健身房做做运动、出出汗，或者为自己做一顿精致可口的饭菜来改变心情。

　　这些行为虽然会把你的烦恼暂时屏蔽，但遗憾的是，一旦你回过神来，会再次陷入情绪低潮。

　　所以，我更建议追根溯源地去解决问题。也就是说，我们必须要学会拆解问题。

　　我以前在恩梯梯（NTT）电信公司[①]就职的时候学会了这种"拆解问题"的方法。

　　当电话出现通信故障时，首先要判断故障是由"客户的电话设备"还是"公司网络线路"引起的。如果发现问题出现在公司线路上，就可以把引起故障的原因缩小成两大类，并考虑是哪一类。这样反复进行问题拆解，就能找出原因和应对措施。

　　先拆解问题再去解决问题的方法，也适用于解决人际关系引起的纠纷和生活中的烦恼。

　　首先要做的是把问题拆分成两种：一种是无论怎么想也无能为力的事；另一种是如果付出行动总会有办法的事。

　　如果你有时间担心那些即使怎么想也无能为力的事，

---

① 　恩梯梯电信公司，指日本电信电话公司。

不如更具体地去思考问题，也就是说要想办法将可避免的风险、成本和损失最小化，并立即采取行动。

我也是一个过于敏感的人，但我善于通过拆解问题去解决问题，并在不断实践中变成了一个更好的人。我想这就是为什么别人总认为我是积极的。

举个例子，当你用通信软件和别人聊天，对方已读不回时，反复思考他为什么不理你一点意义也没有。这只会让你迷失在一望无际的胡思乱想中，彻底失掉方向。

"难道他真的生气了吗""如果我当时那样说，就好了"。你不停地担心这个担心那个，无能为力却又无法自拔，这才是最危险的。

在这种情况下，你能做的事非常有限。

要么就主动询问对方为什么已读不回，要么就干脆不把这件事放在心上。如果决定要问，就马上采取行动。不过你需要为他的回复设定一个最后期限，比如，当你又给他发送了一个表情贴图（或者又继续等了几天）后，仍然没有得到回复，就要果断放弃。

如果你能迅速采取行动，尽你所能，问题仍然没有得到解决，那么留在那里的只有"无能为力的事情"。若发展到这一步，比起深陷情绪低潮，你会感觉如果心情稍微轻松一些，也可以暂时抛下烦恼向前看了。

反正你也不会知道他们到底为什么已读不回，就算对方向你辩解，以上方法也同样适用。因为你根本没有办法

去验证他们的辩解是事实还是敷衍你的借口，甚至他们自己都有可能不知道。

　　生活中的烦恼也是如此。未雨绸缪固然好，但如果是无能为力的事，即使再担心也无济于事，所以我决定不再提前预支烦恼。

　　我想把时间和力气，花在我可以掌控的事情上。

# 第 2 章

## 能够轻松生活的人
## 给的建议

# 10

# 成为一个"敢于说不"的人

　　许多人在被告知"你不需要总是当一个老好人"的时候，其实都松了一口气。因为他们太过于在意人际关系，自己也活得很累。

　　有些人说"非常在意周围人的目光和评价""被邀请一起吃午饭的时候，即使不想去也会装作高兴的样子接受邀请"。

　　前几天，有个因工作事宜来访的年轻男性也有这样的烦恼。

　　他说："有两位前辈在工作的推进方法上教给了我不同的做法。可不管听他们哪一人的，都会跟另一位前辈产生隔阂，所以很为难。"

　　像他这样过于敏感、思虑太多、不擅长拒绝别人的人，在团体生活或工作中会很难感到轻松。如果你去扮演一个自己不喜欢的角色，伪装成合群的样子与人交往，也太辛苦了。

我以前对周围的环境也很敏感，有时我会厌倦自己对所有事情的过度关注。

在书法课上，当我给学生们示范如何写毛笔字时，我就会有各种各样的担心。比如，我会想"如果墨汁放在这里，那边的学生就看不到我写字的手了"，或者"那位同学要再往这边挪挪才能看仔细些"。

如果学生看不到我的手，他自然会走到能看到的地方，所以我没必要那么在意，但人总会在意他看重的东西。

还有，在和一群人聊天时，如果其中一个人的表情变得有些黯淡，我就会想"是不是我说错了什么话？我可能已经伤害了他的感情"，我总是担心这个担心那个，搞得自己也很累。

然后，我的脑海中逐渐浮现出这样的念头："我为什么要不停地献殷勤呢？如果能不在意周围的人，随心所欲地说我想说的话，会不会活得更轻松一点？"

于是，从那之后，我虽然仍习惯于照顾身边的人，但不再过分关注周围的环境和氛围。

有一颗体谅他人的心是好的，所以我们可以继续保持，如果能做到"不过度关注"，不是会更完美吗？

简而言之，只要成为一个"敢于拒绝别人的人"就好了。要做到这一点，你需要在沟通技巧和说话方式上下些工夫。

比如，前面提到的那个年轻人，由于太看重两位前辈的面子而不知所措。这种情况下，他可以说："非常感谢您教给我这个方法。我先试试看，如果适合我，一定按照您教的去做。"这样的回答不是很完美吗？

领导或前辈的话并不意味着"绝对正确"，它只能作为建议供你参考。至于采不采纳，需要你根据自身情况来决定。

当我还是一个初中生的时候，就没能做到这一点。由于我过于遵循棒球教练的指导，反而弄伤了自己的手肘，那段痛苦的经历给了我一个教训：面对别人的指导，要有选择地接受。

姑且不说我弄伤手肘的例子，这个道理同样适用于"被领导邀约参加酒局，不知道该如何拒绝"或者"明明不高兴却假装高兴"的情况。

举个例子，你可以说："谢谢，很高兴你能邀请我，但我今天有事不能参加，下次有机会的话再一起去吧"或者"谢谢邀请，但我不会喝酒，如果你不介意，我可以陪你"。

首先，真诚地表达感谢是很重要的。以开放的心态答谢对方的邀请或建议，然后委婉地提出"不能接受的原因"。即使对方是你的领导或前辈，这样回答也完全没问题。

被人邀请或者收到礼物本身是件令人开心的事，所以我们应该先要真诚地对这种好意表达感谢。

在此基础上，该拒绝的就拒绝，加上一定条件能够接受的就接受。委婉地向别人传达你的想法，就能减少很多不必要的压力。

# 11

# 老好人只会一味担心，
# 而温柔的人知道如何用心

有一次，我因为工作到农村出差，偶然走进了一家餐馆。

那里的饭菜完全不符合我的口味，但当老板问："味道怎么样？"我却赶紧撒谎说："很好吃。"

不得不承认，当面评价别人做的饭菜不好吃，实在很难说出口，但如果不表达出内心的真实想法，又会觉得有些不舒服。

然后我突然想到，一个老好人和一个温柔的人到底有什么区别。

举个例子，在和某人交谈后，不管是老好人还是温柔的人，他们都可能担心自己说错话伤害到别人，或者担心别人因为他们的话而感到失落。

老好人会一直因为这件事纠结烦恼、胡思乱想。可是仔细想想，他并没有对对方做什么坏事。这种行为并不代表他一定是个温柔善良的人，反而是一种过于自负的表现。

为别人感到担心是常有的事，但重要的是不过度解读，以你自己的方式去"关心"别人。

一个老好人总是容易被别人的情绪或话语影响心情，结果就是问题得不到有效解决，白白浪费时间，最后只有自己难受。

相反，如果是一个温柔的人，比起浪费时间胡思乱想，他们会选择立即采取行动。比如，打电话安慰对方，或者找出对方其他值得尊重的优点，在下次见面的时候大加夸赞，以作弥补。温柔的人会向对方坦诚地说出自己的真实感受，并试图消除误解。

如果你已经伤害了别人，越早消除误解，他们受到的伤害就越小。

我非常喜欢"体贴"这个词。重要的是要做出"体贴别人"的行为，而不是一味地担心忧虑，不采取任何行动。我认为能够做到这一点的人都是温柔的人。

如果你的脑子里总是充满了忧虑，那我怀疑你其实是在保护自己，因为你不想受到别人的非议。

做一个温柔的人很容易。只要在担心的基础上，做出具体的体贴别人的行为，就能安慰到对方。

遇到这种情况，请立即采取行动，做你"能做到的事"。

# 12

# 如果扮演"好人"
# 让你感觉很辛苦，试着成为
# 自己内心的听众吧

近江①的商人自古以来就以善于经商而闻名，他们做生意的基本原则是"三方皆好（即买方好，卖方好，社会好）"。

这句话的意思是，若只有自己（卖家）赚钱，生意就不会兴隆；若只有顾客满意，交易就不会存在；就算卖家和买家实现了互惠互利，若对社会没有贡献，生意也绝对不会长久。

关于前面提到的"为什么好人总是那么累"这个问题，可以用"三方皆好"的概念来解释。把自己搞得很累的那种好人，并不是一个"真正的好人"。

这种好人分为两种类型，一种是，陶醉于扮演好人的

---

① 近江，也称近国，是过去位于日本东山道的令制国，位于现在的滋贺县。

角色，实际上只关心自己的人。正如前面所说的那样，看似在担心别人，实际上只关心自己。有些人可能是无意识的，但有些人是故意这样做的，因为他们不想遭人非议，认为表现得过于自私会失去别人的信任。无论属于哪种情况，他们与人交好的时光都不会长久。

另一种是，不断地自我牺牲和忍耐（为他人着想），最终实在撑不下去的人。我常为这种人感到伤心，因为他们真的很善良，很愿意体谅别人。我相信拿起这本书的你，也在他们身上看到了曾经挣扎的自己吧。

自己、对方、社会……你接触的人越多，就越要倾听自己内心的声音，不要忽略自己真实的感受。

我特别想对这些人说的是，在保持自己、对方与世界之间平衡的同时，优先照顾自己的感受。不论对方是与你亲近的家人、朋友、同事，还是与你无关的其他人，在交往的过程中都不要忽略自己。

如果你强迫自己扮演一个好丈夫、好妻子、好母亲或者好孩子的角色，往往会带来事与愿违的结果。如果你总认为，我必须这样抚养我的孩子或我必须要成为那样的大人，不断地强迫自己只会让你越来越痛苦。

最后在某个时刻，你会将平日里积攒的委屈和不满一股脑儿地发泄出来。你可能会说："我明明为了家庭、为了这份工作，一直在忍气吞声……"

如果忽略自己的痛苦，继续去讨好、去付出，那你一定会想要得到相应的回报。而当一个人执着于回报时，生活就不可能越来越幸福。

所以，你应该常常审视自己的内心。

问自己："是否忽略了最真实的感受？"

通过这样的自问自答，去探索内心真实的想法，并尝试调整所说、所做和所想之间的平衡。愿你能学会倾听自己内心的声音，做自己忠实的听众。

如果你觉得没有在强迫自己，那也没关系。但如果你发觉自己在扮演别人，就不要再那样做了。

以"三方皆好"为目标吧！

人生从此将无往不利。

# 13

# 一人好不如大家好

我想继续聊聊"三方皆好"的话题。

你是否曾为自己想做的工作和公司领导分配给你的工作不一致而烦恼过？

在自己、对方和社会之间取得平衡，就像试图找到让所有人都满意的"最大公约数"一样。这涉及每个人的自身利益，需要较高的社交技巧。所以，虽然道理我们都懂，但实际做起来却很难。

达成"三方皆好"的唯一途径就是把它运用到实践中去，也就是说，通过一系列的试错积累经验。

在我的印象里，音乐中的"调音（调试音准）"是最接近"三方皆好"的平衡行为。即结合不同的立场，寻找到一种让自己满意、让搭档满意、让观众满意的声音。当然，这个问题没有唯一的答案。

当然，找到一个"人人都满意"的解决方案是需要时间的。一些领导者和成功人士往往作风硬朗、处事果断，能以极快的速度推进事情的进展。这种处事风格虽然在商业领域或政治领域很有必要，但我认为它不是唯一正确的。

对我来说，比起成就的大小，找到一群人的最大公约数、让每个人都幸福更重要，无须急于求成，我们也能做得很好。以"三方皆好"为目标去处理事情，乍一看好像在绕远路，实际上是在走捷径。

作曲家或画家按照自己的意愿进行艺术创作，但如果接不到工作邀约，或者作品卖不出去，很可能是因为他们想创作的东西和客户想要的东西之间存在差异。如果能碰巧顺应当下的艺术流行趋势固然好，但这种情况非常少见。

在这种情况下，我会先按照自己喜欢的"各种风格"进行艺术创作，然后推出这些作品，一边观察消费市场的需求，一边根据这些需求调整创作方向。但我不会为了迎合市场的需求去创作我不喜欢的东西，也不会牺牲自我去创作我不想创作的东西。

绝对忠实地遵循自己的创作意愿，在此基础上重视大众的取向（市场需求），同时也不要忘记那些真正喜欢你作品的人的笑脸。

举个生活中的例子，在你和家人或同事的相处中常常会发生以下这种情况。

比如，大家都说："今天想去吃中国菜。"可是，你不想吃中国菜，这个时候该怎么办？

你在这里做出的反应，可能会导致某些人不高兴，也可能会形成"三方皆好"的场面，让大家都高兴。

如果你赞成他们，选择跟大家一起去，说不定也会在菜单上看到一些想吃的菜。但如果你能接受的中国食物只有饺子，也可以提议说："我知道一家很好吃的饺子店，我们去那家吧！"这样一来，大家都高兴。

或者，你还可以提议："我真的不喜欢中国菜。有一家意大利餐馆很好吃，我们去那家吃可以吗？"说不定大家都会积极赞成你的提议。更重要的是，也许你只是先入为主地以为自己不喜欢吃中国菜，如果吃到了真正好吃的中国菜，想法可能还会发生改变。

这只是一个口味问题，但如果同行人员对特定的食物过敏，就要优先考虑那个人的安全和意愿，在此基础上去选择大家想吃的东西。通过这样的事前讨论，去寻找一群人的最大公约数，共享关于食物过敏的知识和安全常识，也是对每个人都有好处的事。虽然我现在还不能那么圆滑地处事，但我会为了更加完美地掌握"三方皆好"的处事方式，在生活中成长。

就像写书这件事一样，到目前为止，我已经出版了大约 50 本书，现在写的这一本一定比第一本好多了。

写第一本书的时候，我感到烦躁不安，毫无头绪，久久不能动笔。我不了解出版界的情况，也不知道编辑们在想什么，所以我手忙脚乱，最后像是为了完成任务一般，努力写完了那本书。

然而，随着经验的积累，我知道写一本书不仅要考虑自己，还要考虑到编辑、所有参与出版的工作人员、出版界、书店和读者。所以，现在我写一本书时，不是只想着自己，而是衷心地希望与这本书有关的每个人都能获益。

我是一个写作新手，但我发现，当我以"三方皆好"为目标，并通过这种方式累积生活经验时，我就会感到很幸福。

如果我们总是努力去寻找最大公约数，人生也会更加美好。

# 14

# 提出建议不是为了改变别人

在与别人相处时，我十分注意自己向别人提出建议的方式。

即使你认为自己是在好意提醒，但如果不小心说错话，也可能会冒犯到对方，使人不愉快。有时，我们的本意明明是想要亲切地给出建议，可在对方看来却可能变成我们"以一种居高临下的姿态提出批评"。

我不再尝试改变别人。如果有人向我征求意见，我会谈谈自己的看法，至于最后要怎么做全由他自己决定。这就意味着即使对方很消极，我也不会要求他马上积极起来、做出改变。

一旦我采取这种立场，事情就变得容易多了。

我说的话，虽然还是有可能对他人产生影响，但我不再有意识地改变他人。

举个例子，在我开办的书法教室中，有一些不是特别优秀的书法老师。很多人认为他们应该更好地发挥本人的实力和魅力，以便"给学生留下更深刻的印象"或"把学生教得更好"。

但我不会强硬地要求他们做出改变。如果有的老师主动向我请教，我会告诉他们如果是我的话，我会怎样做，并建议他们找到适合自己的教学方法，充分发挥自己的个性。

从某种意义上来说，建议本身等同于"纠正错误"。无论它的措辞多么柔和，都有可能与批评相提并论，所以建议不被接受是很自然的。这也是为什么当我们向别人提出建议时，需要注意自己的讲话方式。

举个例子，假如我在书法课上给一个学生提出建议，指出"走之旁（即辶）第一笔的这个点应该写得高一点"，就等于说"你这样写是不对的"。

在这种情况下，按理说学生应该虚心接受建议，因为我是书法老师，而他们是来上课的。虽然我并没有要求他们改正，也没有批评说"你这样写很奇怪"。但他们还是有可能讨厌我说的话，即使我是出于好意。

很多人即使知道自己错了，也很难坦率地接受别人的建议。

即使我身为师长受到尊敬，当学生向我寻求建议时，我给出的建议不被采纳的情况也很多见。

有些粉丝因为看过我的书或听过我的讲座，特意来跟我学习书法。他们来到我面前说："老师，一直以来谢谢

您，能帮我看看这样写有什么问题吗？"当我回答说"这里写得不太好，应该这样改"时，他们常常表示不能接受，"啊，不会吧？"我觉得这种反应很有意思。

批评跟建议，只有一线之隔。如果你有意识地去纠正对方，很可能会导致你们的关系变得紧张。

人是一种很复杂的生物。

很多时候，别人向你寻求建议时，他们的心里就已经有了答案。因为他们寻求的并非是建议，而是一种认可。

然而，即使可能导致双方关系暂时陷入紧张，你还是应该给出正确建议，坦诚告诉他如何做会更好。也许对方没有办法马上接受，但多年之后他能意识到这一点就好了。

当我还在前公司就职时，一个跟我关系很好的同事曾劝告我要多注意自己的说话习惯。

"武田，你不要用手指指着别人说话，这样很伤人，也很可怕，你不觉得吗？就好像被人用枪指着一样。"

这是我人生中第一次被别人如此强烈地指出问题，所以并没能坦然接受。但从那时起，他的话就一直在我的脑海中回荡。每当和别人说话时，我都会下意识地注意自己的手指，渐渐地我意识到了一个明显的问题："如果有人因为我无意识的行为而受到伤害，那就不好了。"

正因为他是我的朋友，才肯跟我这么说。我现在非常感谢他。

不过，这是一个例外。从本质上来讲，最好还是不要试图改变别人。

如果真的说了，就要做好你们的关系可能会变差的心理准备。

# 15

# 成为"陪跑者",从不同的侧面为他人送去凉风

在被问及"敏感的人该如何与他人交往",或者"你能给出什么建议"时,我从自己的育儿和运营书法教室的经验中得到了很好的启发。

我现在有 3 个孩子,初次育儿时,我完全被牵着鼻子走。小孩子发脾气是很正常的,但当他们无法控制地哭闹时,父母就会变得束手无策。然而,生了 3 个孩子之后,虽然老二和老三也常常发脾气,但我已经学会了如何应付这种情况。

发生改变的是父母,而不是孩子。因为我已经知道了如何养育孩子,掌握了窍门,不管他们怎么哭闹,我都不会生气。

另外,在书法教室的运营方面,刚开始上课时,我很在意学生们的反应。假如班上的孩子嘲笑说:"老师,你的字写得不好啊!"我会非常失落。

　　我向别人提起此事，他们中的有些人佩服我能够接受学生的调侃，认为我度量很大。其实，我是想营造一种自由、平等的（没有上下级关系）课堂氛围，所以我任由学生们说自己想说的话。比如，"老师，你写得不好"或者"你是个大叔"，等等。

　　一开始，听到这些话时，我很沮丧。但渐渐地，随着我对孩子们秉性的了解，对他们讲话的方式也越来越适应。而现在，20多年后，我已经能够完全接受学生们的任何反应了。

　　我意识到，从口中说出的话不一定代表本意，也明白了，对我采取攻击性态度的孩子，可能在家里和学校都承受了很大的压力。

　　有的孩子罢课、逃学，有的孩子原生家庭不幸福，还有的孩子与父母关系不好，不能很好地沟通。他们之所以会这样，是因为各种各样的环境塑造了他们。

　　考虑到这些情况，在与孩子们相处时，我越来越觉得自己应该拥有一些钝感力，并以这种温暖的方式守护他们。

　　正如第一章所述，作为一名老师，我是缺乏自信的。我做不到以一种居高临下的姿态指导学生，也无法担任领导角色，起到带头引领的作用。

　　于是，我开始思考自己能做到的是什么。当学生们向前奔赴时，我选择成为一个"陪跑者"，从不同的侧面为他们送去阵阵凉风，既然无法站在前面引领，就以同伴的身份为他们出谋划策。

无论他们打算怎样做，我都不会强行制止，绝不以善意的名义进行干涉。我只是自然地传达我能够传达的事情，并希望他们幸福。不只是对我的学生，对任何人，我都采取这样的立场。

从这个意义上说，我在课堂上为学生提供建议和我写书为读者提供建议的方式基本上是一样的。

在我的书中，没有明确指出必须要怎么做，而是给出建议，说明怎么做会比较好，也就是说，遇到问题时，结合自身状况适当参考这些建议就好了。

我无法控制一个人的未来，所以就我们之间的关系而言，在你需要我的时候可以来听听我的建议（打开这本书），我会一直尽我所能地支持你。对我来说，人与人之间最好的距离，是以一种温暖的目光默默守护。

# 16

# 放轻松，以一种温暖的
# 目光守护自己

当我们焦虑、神经质、不耐烦、愤怒或抑郁时，我们很难看清自己的内心。

"我为什么会说出那样的话？"

"我为什么会变得这么情绪化？"

或多或少，谁都有过一些冷静下来之后，反复回想会感到后悔的事。而过于敏感的人将永远纠缠于此。

在这种情况下，我会从自己的身份里跳出来观察自己，也就是开启第三方视角，让"另一个我"在旁边守护着敏感、烦躁的我。

当我感到焦虑时，当我失去理智时，当我情绪激动时，心里就会冒出一个声音：

"你的表情很僵硬，你失去理智了！"

"你看起来很烦躁！"

"我知道你很生气，但这也是没办法的事，先冷静下来！"

……

虽然这个方法听起来有些傻，但效果很好。

以前和别人聊天时，有个人告诉我，即使是参加环球小姐选美的人，也会反复练习如何冷静、客观地看待自己。

因为我的身材是这样的，我的头部比例是这样的，我长着这样的脸，发出这样的声音，我的性格是这样的，所以别人眼中的我大概是这样的……

人在形容自己的样子时，往往倾向于一种天真的想象，而这些参加环球小姐选美的人会跳出自己的身份，以另一种视线（评委的视线）冷静客观地评价自己，并且能够敏锐地捕捉到应该如何修饰自己的缺点。

让"另一个自己"守护敏感的你，内心就会变得轻松许多。

对于演员、模特、舞者来说也是如此，因为他们的演技和一言一行都暴露在公众面前，由公众评价。

当然，我们不必对自己如此苛刻。对我们这些敏感的人来说，重要的反而是"用非常轻松、悠闲和温暖的目光来守护自己"。

你是否知道，在《哆啦Ａ梦》[①]中，无论大雄做出什么奇怪的事，他的奶奶总是以一种温暖的目光看着他，毫无条件地支持他。虽然由于剧情需要，奶奶去世了，但这个角色让我印象深刻。看到大雄的奶奶，我就会想到，所谓"温暖的目光"，大抵是如此。

试着从自己的身份里跳出来吧，让另一个自己"用既温暖又客观的目光守护自己"。

以第三方视角看待自己，听起来很难，但如果有意识地努力去做，就一定可以。

如果有一天，你想象出来的另一个自己能够以一种在秋千上摇晃着或者在阳台喝咖啡的形象出现，更加从容地守护你，那就是最理想的状态。不过，想要做到这一点，需要很高的水平……

---

① 《哆啦Ａ梦》，日本漫画家藤子·Ｆ·不二雄笔下著名的儿童、科幻类日本漫画。

# 第 **3** 章

## 戴上"心灵的眼镜"

# 17

# 多考虑"自己应该做的事"

　　"那个人的工作能力很强""那个人的团队合作能力很差"……在职场中，我们总是被拿来与其他同事做比较。如果你是一个对别人的评价过于敏感的人，那么每天处在这样的环境中，一定很痛苦。

　　若说解决办法，用一句话概括就是"不要在意别人的评价"。不过，你之所以感到痛苦，也许是因为你没有积极面对。

　　以下是我认为不必在意他人评价的理由。

　　别人的评价，无论是好是坏，都是基于他个人而言的。所以，我们没有必要傻傻地在这些评价上过于纠结。

　　除了书法，我还曾担任绘本、俳句[①]、花道等各种奖项的评委。

---

①　译者注：俳句是日本的一种短诗，以十七个音为一首，首句五个音，中句七个音，末句五个音。

就我的经验而言，评委们在评价作品时，主要考虑的是当下的气氛、心情，以及与其他作品的比较。说白了，评价一件作品的好坏，没有绝对的标准，决定性因素基本上是个人的好恶。

同理，评价一个人的好坏，也没有绝对的标准。

我可以理解被评价的一方感受到的不舒服，也可以理解他们对于种种评价的"不认同"。

但仔细想想，这就是为什么我们不能过于在意他人评价的原因。

如果你不能接受别人的评价，可以想办法远离它。

因为人们受到的评价会随着环境的不同而改变。

生活中常有这样的情况：一个毫不起眼的低级别员工，因突然调到新的部门，直属上司一换，就受到了很高的评价。人生也有这样境遇和口碑搭配不当的时候。

所以，别人对你的评价是相对的、多样的、难以捉摸的。

即使是这样，我也不会轻易地劝你辞职，因为我自己经历过，知道辞职是一件让人对未来充满迷茫与不安的事。

如果你暂时无法离开那个让你饱受争议的地方，那么办法只有一个，就是下定决心，完全无视评价，淡然处之。除此之外，你别无选择。

关于这一点，我们可以向搞笑艺人出川哲朗[1]学习。因工作关系，我和出川先生共事过几次。他在演艺界非常活跃，专门以被整蛊或被欺负的方式进行搞笑，也就是所谓的"反应艺人"。

> 别人的评价就像天气一样难以捉摸，我们只要努力做好自己该做的事就好。

即使是出川先生，也并非总能收到好的评价。虽然与他合作过的艺人都知道他有多棒，但大众对他的评价（甚至是业内人对他的评价）是否与他出色的能力相称？对于这一点，我始终抱有怀疑。

据出川先生说，他的搞笑方式从小到大都没有变过。现在人们口口相传的出川先生，就是那个未曾改变的"出川哲郎"。

他最近的名气之所以上升，正是因为他一直坚持在做自己应该做的事情。

---

① 出川哲郎（1964— ），神奈川县横滨人。日本搞笑男艺人、演员。

我在前面提到过，别人的评价是由一时的心情和个人的好恶决定的，而一个人的心情和好恶像天气一样，阴晴不定、变化无常，讨厌的东西片刻间也能变成喜欢。

事实上，即使你觉得和某个人不投缘，但依旧会因为什么契机与他相处得很好，不是吗？

从被评价的角度来说，我在书法界完全不被欣赏。经常有人说我还年轻，经验又不多，只是因为做了些新鲜事、上过电视罢了。

不过，正因为我经常出现在电视上，所以积累了一些大众粉丝。他们甚至对我的书法丝毫不感兴趣，但对我来说，光是武田双云这个名字为人所知就已经很好了。

不管你能否离开现在所处的位置，都要试着努力做好自己该做的事。

如果让别人的评价左右自己的人生，那实在是太可惜了。

# 18

# 把批评想象成一个
# "化学实验"

"即使是我，当受到别人的批评时，也会感到非常烦恼。"

也许是因为我在自传的标题或演讲中经常使用"积极"这个词，所以当我说出上面这句话时，很多人会觉得意外。

其实，我非常在意外界的评价。

演艺圈和艺术界本来就是一个"为了得到公众的欢迎与认可"而努力工作的地方。所以，几乎每个业内人士都会在意外界的评价。许多名人甚至常常在网上做"自我检索"，即通过输入自己的名字来搜索自己的声誉。

因为我本身的性格就是过于敏感的类型，而且我在人际交往中的基本原则是"三方皆好"，所以我更加不可能对外界的评价漠不关心。我会不断地通过观察别人的反应，进行自己、对方与世界之间的调谐。

准确地说，我非常关心外界的评价，但不会消极地看待它。可能因为我是理科出身，所以每当受到批评时，我总会把它想象成一个"化学实验"。

首先，我们要做的是确认事实。例如，啊，原来人们是这样想的……这个地方大家明显是误会我了……或这些批评所依据的新闻报道是错的，等等。重要的是先搞清楚外界对你提出批评的原因是什么。

接下来，试着针对各种批评做出相应的反应，就像我们在做化学实验的时候会先混合、燃烧各种化学药品与物质，然后对由此得出的种种结果、进行冷静的分析一样："哦，这样操作没有任何反应。也许我的方法是错的，那就换一种方法试试吧。"

这样的做法不意味着积极，也不意味着消极。

顺便一提，我在对外界的批评进行分析时，会考虑得非常全面、详细。如果我每天写博客的时候，是用"毫米"为单位来表达我的感官和感受，那么我在用化学实验的方式对外界的批评进行分析时，就是以"毫克（千分之一克）"或"微克（百万分之一克）"为单位的。

在化学实验中，使物质的浓度不同，结果会发生很大的变化。同理，在与人交往或出演节目时，由于我表达的微妙差异，也可能会伤害到敏感的对方（观众）。

当然，如果我受到具有攻击性的批评时，也会感到难过。

　　就像有人突然打了你一拳，或者掐了你一下，你会感到疼痛一样，下意识做出的反应，是一种生理反应。

　　强烈的、带有攻击性的言辞有时可以成为致命的武器。我常常会因为网络上的一句恶评而感到伤心。每当这时，我都倾向于先收集别人的意见，比如，我会马上拿给书法教室的学生们或者我周围的人看，问他们："你觉得写下恶评的这个人是个什么样的人？"或者"要是你被别人这样评价，会怎么做？"

　　一方面，我是想从大家那里得到一些安慰；另一方面，我对自己难过的原因（觉得受伤的原因）很感兴趣。我之所以这样做，完全是受好奇心和探究心的驱使，并不意味着积极或消极。

　　例如，身材瘦削的人被说"胖"也不会生气。如果有人被说成"笨蛋"而生气，那是因为在某种程度上他对自己也有这样的解读（自卑感）。

　　相反，如果一个人太聪明、太严肃，反而会想让自己显得笨一点。如果你跟别人说："他真的很笨诶"，他甚至会高兴地来向你道谢。从这件事上我们可以得出一个结论，那就是来自他人的批评并不全是一件坏事。它可能会给你一个看清自己的机会，引导你思考自己在意的是什么，由此你能找到自己的弱点，并尝试克服它。

　　从这种意义上来说，他人的批评就像化学试验中一张珍贵的石蕊试纸。

# 19

# 与其"称赞"，
# 不如"传递情感"

我在书法课上几乎不表扬学生。

很多人对此感到意外，他们会问："如果不表扬学生，你在课上是怎么指导他们的呢？"

当然，我也不是完全不表扬。当我注意到学生在很努力地练习或者看到他们写出优秀的作品时，就会不自觉地当场发出感叹："哦，好厉害！这么好的字是怎么写出来的呢？"或者"哇，这一笔写得真漂亮！"比起直接的表扬，我会更多地坦率表达自己的钦佩和感动，我想这种情感一定也能够很好地传达给他们。

不过，我不会因为他们过去的表现和成绩而称赞他们，也不会通过拿他们和别人做比较来称赞他们，我只是传达自己当下的情感。

我之所以这样做，大概是因为受到了父母的影响。回想起来，小时候，我从未在父母那里得到过任何"比较性的评价"。

即使我在学校考试中取得了好成绩，父母也不会表扬说"我很高兴你比上次考得更好"或者"你的偏差值①比其他人都高"等等。

每当我把自己的一些突发奇想告诉父母时，他们总是会说"你是怎么想到的"或者"这个出发点真好"，如此种种，向我传达他们在那一刻的钦佩与感动。当我还是个孩子的时候，这种情感的传达对我的帮助很大。虽然我是一个过于敏感的人，但多亏遇到了这样的父母，我才能够写一本关于如何克服敏感的书。而且，我认为敏感的人都很擅长传达情感。

赞美本来就是很难传达的。即使你认为自己是在赞美，但对方往往不以为然。拿别人做比较或举例类比时更是如此。比较可能会伤害到另一个人，无意间举的例子也可能是不恰当的。

我的一个朋友就遇到了这种情况。当他对一位女同事说"你长得好像×××（著名的女演员）"，他的本意是想夸对方长得漂亮，但对方却觉得被冒犯了，并坦白说自己很生气。之后，事情就变得很尴尬。很明显，这是因为对方并没有觉得那位女演员是漂亮的。像这样的例子有很多，一般来说，当你称赞别人"长得像×××时"，对方

---

① 偏差值是一种利用标准分算法得到的与排名挂钩的数值。一般用于衡量日本升学时考生的分数排位。

都不会领情。

后来,这位朋友经过反思说道:"每个人对美都有不同的定义,当我说'你看起来像×××'时,在对方听来,我可能是说'你长得像×××,但没有×××漂亮'。语言表达上的微妙差异很容易造成这种误解。"

当然,通过与其他事物相比较来赞美一个人也不完全是令人无法接受的(特别是当你将现在的他与过去的他相比较)。

但被赞美的一方是否总对此感到高兴呢?这就不一定了。除非你已经认识这个人很长时间了,既了解他的过去,也熟知他的现在。否则,断然将他的现在与过去相比,很可能会让对方感觉到一种错位的赞美。

而且,如果总是绞尽脑汁,想通过"评价"来赞美一个人,是很麻烦的。因为想出合适的言辞需要花费时间和精力,更重要的是,妄加揣测的"评价"很可能会让对方心情不愉快,从而导致双方关系出现裂痕。

越是对人际关系敏感的人,越是容易顾虑很多,在赞美别人的时候,也会更加谨慎小心。

我在赞美一个人时,会不带任何评价地、诚实地传达那一刻的感动。我觉得这样的表达方式对双方来说都更好。但值得一提的是,我们最好在感受到的当下,立即传达那份感动。因为时间越久,你越会深思熟虑,而对方也能对一份不再那么纯粹的感动有所察觉。

　　如果你不知道该如何赞美别人，不需要顾虑太多，戴上"感动的眼镜"，坦率地表达出你当下的情感、传达感动，就一定能使对话变得更加轻松。

68

# *20*

# 被人讨厌时，
# 透过"有趣"的滤镜去看待

接下来，我想谈一谈"有趣的眼镜"。

当我还是一个职场人的时候，我很喜欢听同事们发牢骚。

在学生时代，我几乎没有从朋友那里听到过什么抱怨，但在职场中，我发现几乎每个人都有很多想要抱怨的事。这让我感觉非常新鲜，比起关注这件事的好坏，我好像从另一种层面上对他们抱怨的内容产生了强烈的兴趣。

所以，一到休息时间，我就会去"吸烟室"。那里是大家发牢骚的聚集地，不仅是本部门的同事，许多其他部门的同事也会来这里抱怨几句、宣泄情绪。

至于大家抱怨的内容，也多种多样、因人而异。有人抱怨公司或老板："我明明都这么辛苦了……"有人抱怨下属："为什么连那点事都做不好？"还有人抱怨自己的家人：

"最近和老婆孩子闹了别扭。"甚至有人出于某种正义感抱怨社会："这个社会有问题。"

虽然抱怨的内容不尽相同，但大家都有一个共同点，就是一旦抱怨起来就停不下来，仿佛每个人的心底都积攒了很多怨气，所以只能在休息时间，一边抽烟一边不停地发牢骚。通常情况下，人们不愿意听到上司或前辈的抱怨，也不愿意理会同事发的牢骚。但我觉得通过倾听别人的抱怨，不仅能够培养我理解别人的能力，也能帮助我们更好地了解自己。

爱抱怨的人并不是软弱或消极的人。与此相反，爱抱怨的人往往都怀有一种积极的心态。他们之所以抱怨，是因为希望事情变得更好，但又不能如愿。一个彻底放弃抵抗的人，是不会抱怨的。所以，通过倾听别人的抱怨，得以窥见他们的野心、欲望、正义感和志向。

然而，即使是这样，你可能也还是不想听到别人的抱怨。如果到了非听不可的时候，像我一样戴上"有趣的眼镜"，站在另一种角度去发觉乐趣吧，这个方法一定有用。

如果戴上"有趣的眼镜"，你会发现任何事都没有好坏之分，周围的一切都变得有趣起来。无论是讨厌的人，还是不周到的服务，都可以解释成"个性"的产物。

比如，老板对你太过严厉，火车晚点导致你错过了一份重要的工作、购物时，接待你的柜员服务态度不好，等等。

遇到以上种种情况，与其自己生闷气，不如当作笑料跟好朋友们分享。即使是不好的经历，若能以这种方式处理，岂不更有趣？所以，每当我经历了不好的事，反而会开心地想："这下跟朋友有的聊了。"

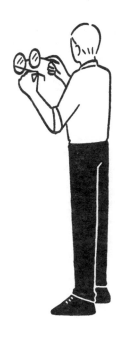

如果遇到了讨厌的人或经历了不愉快的事，试着戴上"有趣的眼镜"，抱着发觉乐趣的心态克服困难。

如果无缘无故地被别人讨厌，我甚至会觉得有点遗憾，因为我不能跟朋友讲这么一个没头没脑的故事了。

我有很多朋友都是搞笑艺人，他们擅长戴着"有趣的眼镜"，在生活中发现好玩的事。用这样的方式看待世界，已经成了他们的日常习惯。比起关注事物的消极面或积极

面，他们更愿意把这些作为谈话和喜剧中的素材来看待。要我说，这都归功于那副"有趣的眼镜"。

当然，不是所有的事情都能用幽默来克服，但"有趣的眼镜"确实可以帮助我们更加轻松地生活。

# 21

# 比起一味地谦卑让步，
# 不如大胆而自信地相处

我们是如此渴望"赢得别人的喜欢"、如此渴望"不被别人讨厌"，以致在与人相处的过程中总是小心翼翼，即使我们从未想过要刻意地讨好别人。

在与同事、朋友和商业合作伙伴的关系中如此，在恋爱、相亲和工作面试的过程中也可能如此。

每个人或多或少都有过这样的经历：有时，我们为了迎合对方，会过分压抑自己的情感、隐藏自己的优点。因为太过谦卑，所以导致了等级关系的形成。

这种时候，我们要明白的是，正是因为自己太在意别人的情绪，所以才觉得与对方形成了不平等的上下级关系。

刚刚提到过，我曾担任各种奖项的评委，每当我对作品进行评分时，都能很明显地感觉到这一点。

比如，参赛作品中，总会有一些被认为是拙作的。

　　倒不是因为它们真的不堪入目，而是因为这些作品仿佛散发着一种谄媚的气息，好像在说："请让我入选吧""一定要选我""真的拜托了"。

　　越是这样的作品，越无法赢得好的评分。

　　评委们是很容易察觉到这一点的，所以会给出比平时更加严厉的评价，觉得这样的作品"还差得远呢"。即使我是一个较为客观的人，遇到这样的作品，也会不自觉地以一种高高在上的视角评判它们。

　　与此相反，获得大奖的作者，既不会以仰视的目光曲意奉承，也不会以俯视的姿态目空一切，他们表现得既不自卑也不高傲，只是通过作品传达出自己的思想与感动，而这样的作品往往最让人印象深刻。

　　无论是作品还是作家本身，都不该以一种谄媚的姿态示众。如果你只是想表现出尊重，这固然没有问题，但如果刻意地曲意逢迎，自然而然就会导致一种等级关系的

出于善意的谦卑和让步，也许会在不知不觉间建立起一种等级关系。

形成。

对于一个书法艺术家来说，也是如此。当我的作品受到外界的称赞时，我会很高兴，但我不会太过在意那些称赞，也不会为了得到谁的称赞而进行创作。

因为那种"尽最大努力得到某个特定的人认可"的状态，代表着"你已经向对方举旗投降了"。往严重了说，它是一种自愿被他人控制的状态。

别人的评价像天气一样阴晴不定、变化无常。我不愿受到权力的制约，也不想被等级关系所束缚。但如果你可以忍受，觉得即使是这样，也"依然希望得到别人的认可"，那也没什么不好的。

我们无法避免被评价，也很难做到配合别人的标准去生活。如果总是为了赢得别人的喜欢而改变自己，那我们将会一直生活在别人的期待里，这是对自己人生的一种浪费。"自信"这个词之所以写作自信，就是要我们相信自己。

相信自己吧。

即使没有任何根据，也要自信而大胆地生活。

在世界的某处，一定有人认可这样的你。

# 22

# 世上不存在"绝对完美的人"

　　人们制定了一些标准和规则，比较彼此之间的差异，以极小的单位争论谁高谁低、谁更差劲、谁更了不起。

　　在学习成绩上是如此，在体育、容貌、工作单位、职位、收入等方面也是如此。中等水平是什么样的？上等水平又是什么样的？人类好像注定无法确认自己的幸福，除非他们将自己与他人进行比较。

　　前几天，我在网上看到一篇文章说，如果一个人住在高级公寓的高层，他就会感觉很自豪；但如果他住在低层，坐电梯时就会莫名地局促不安。我觉得很不可思议。

　　因为能住进高级公寓的人，在别人看来已经很富裕了，难道不是吗？

　　像这样的例子，世界上有很多很多。人们总是为自己制造出不必要的自卑感，并以这种方式折磨自己。

　　我讨厌像估算商品价值一样，将人分为三六九等。世上原本就没有绝对完美的人。

迄今为止，我见过很多经济界、政界、娱乐圈和体育界的"风云人物"。他们都不是绝对完美的人，不是所有的事都擅长，也会为了在别人看来是无关紧要的小事而烦恼。即使他们的成就和人品非常值得尊敬，但说到底也只是普通人。

如果你总是因为和别人比较而产生自卑心理，试着降低比较的"标准"，心情就会轻松很多。

我们之所以活得辛苦，就是因为给自己设定了太高的目标。

即使是田径赛场上跑得最快的尤塞恩·博尔特[①]，在动物界也只能被视为"树懒"，不管他怎么努力，也绝对不会跑得比猎豹快。

一年的复读也好，留级或是留学也好，从人生的长度来看，都不算是浪费时间走弯路。

我们要站得再高一点，看得更远一点。

才不会被大大小小的标准所束缚。

只要你有明确的目标，又何必在意别人的比较。

---

① 尤塞恩·博尔特（Usain St Leo Bolt，1986— ），牙买加短跑运动员，被称为地球上跑得最快的人。

# 23

# 满怀期待地等待第二、第三印象的到来

还有一种眼镜，叫作先入为主的"有色眼镜"。

人们在第一次与某人交谈时，首先会根据事先了解的信息（工作单位、教育背景、年龄、成就等基本情况）对对方做出判断。

如果有人告诉你，他是一所大学的知名教授，那么无论对方说什么，你可能都会无比欣赏，并充分地相信他。

相反，如果有人提醒你"那个人不太可靠"，那么无论对方表现得多好，你都不会轻易相信他。

不可避免地，我们总是被先入为主的观念影响。

一开始，我也会戴着这样的有色眼镜，以第一印象来判断一个人。

不同的是，我会有所保留，绝不盲目地相信凭第一印象做的所有判断。也就是说，虽然我会做出大致的判断，但不会以偏概全地由此做出下一步判断。

因为我知道，第一印象属于"初级信息"，而初级信息过于片面，二级、三级、四级、五级和六级信息往往在之后的相处过程中才会显现出来。仅仅根据初级信息去评判一个人的话，会因认知偏差无法做出全面而正确的判断。

即使是我的妻子，也会让我在很多瞬间对她的看法有新的改观。在她身上，我常常发现以前不曾知道的一面。这是因为随着年龄的增长，妻子也在不断地变化。人过了10年，即使性格不变，价值观也会改变。所谓成长，大抵都是如此。

弟弟们也是这样。我有两个弟弟，随着年龄的增长，我发现自己越来越敬佩他们，有时甚至会不自觉地脱口而出："你竟然这么厉害。"

我也一直在改变，那个曾经固执的我变得越来越随和；那个曾经脾气暴躁的我变得越来越有耐心；就连那些过去不能原谅的，如今也都能一并原谅了……如果有人认为现在的我还是20年前的我，那我一定不会认可。不论是身边的人还是自己，唯一不变的是我们都在不停地改变。所以，不要再根据有限的信息轻易判断别人。

有很多学生，来我的书法教室上课已经有10多年了。虽然我们每天都在接触，但到了第十年，我偶尔还是会对他们有新的了解，不经意地感叹道："哦，原来他是这样的性格啊！原来他还有这样的一面。"

　　一个看起来很厉害的人却漏洞百出，一个平时毫不起眼的人却突然显示出不同凡响的气派，积极的人偶尔会表现得消极厌世，而看起来消极的人却突然表现得乐观主动……人真是不可思议，就连自己好像也不完全了解自己。

　　我之所以喜欢上一个人，往往不是因为第一眼就投缘，而是在之后相处的过程中了解到对方有很多值得喜欢的地方。假设在工作中第一次见到某人时，你对他的初印象很差，但经过进一步了解，会对他彻底改观也说不定。虽然这种情况并不经常发生，但每每遇到我都会觉得有趣。

　　有些人明明是特意来找你谈工作的，可却摆出一副令人难堪的态度。每当这时，我都感到奇怪，他们这样做的原因到底是什么？所以，即使对对方的第一印象很差，我也仍会对之后的相处抱有期待。因为我知道，也许我还不够了解他们。

　　我们无法只依靠表面的反应去判断一个人的真实意图。有些人冷着脸，也许是因为他心情不好或状态不好；而有些人总是笑嘻嘻的，也许是因为他想照顾对方的情绪，刻意在讨好。

　　由于我经常要在展览、讲座、电视台等公共场合露面，所以逐渐养成了一个习惯，就是不会被别人的反应所欺骗。

　　我常常遇到这种情况：在我的个人展览上，有些人会
特意跑过来说："哇，好激动！我是您的忠实粉丝。"可他
们却连什么周边商品也不买。相反，那些皱着眉头噘着
嘴、认真看作品的人，最后却会买上一大堆。

　　做演讲的时候，我很喜欢观察台下的观众。有一次，
我注意到观众席上的一位男观众，好像从始至终都听得很
无聊。但在之后的签名会上，他却特意过来跟我握手，说
自己实实在在被打动了，我感到很震惊。

　　当我们不再被初次印象所迷惑，并对以后的种种可能
抱有期待时，一切都会变得有趣起来。

每个人都会戴着"有色眼镜"看人，然而，期待看到对方新的一面也很重要。

# 24

# 允许一切发生，
# 才能获得"幸福"

在一些专业领域中，内行人和业余爱好者看到的东西完全不同。如果说业余爱好者仅仅是用肉眼看到了事物的表象，那么内行人就是用放大镜或显微镜观察到了事物的本质。

从这种意义上来说，内行人仿佛戴了一副非常灵敏的眼镜。拿书法举例，通常情况下，我只要看一眼学生的作品，就能马上看出毛笔的走向、墨的颜色以及墨水晕染的情况。

因为经常接触，所以我不光能看到作品本身的问题，也能透过作品猜测他们写字时注意力是否足够集中，执笔时是否坚实有力。

其他领域的专业人士也是如此。作家和编辑通常会比普通人更加细致、深入地阅读文章；而设计师和建筑师看待作品时，也会在一个只有自己能看到的世界里，透过现象观察本质。

有专家建议我们不要考虑得太多,因为那样就"无法从心底真正地去欣赏一件作品"。有一次,我因工作事宜同北野武合作。他告诉我,自己做不到像普通观众一样去欣赏电影,对此我深表同感。作为某个领域的专业人士,我们总是习惯于自视甚高地挑剔别人的作品(深究本质)。说白了,这也许是一种戒不掉的职业病。

即便如此,我也不认为一个人过于挑剔是件坏事。

一般来说,挑剔的人拥有更强的觉察力,心思也比普通人更加细腻。他们不光能敏锐地捕捉到事物的缺点,也能轻易地感知到事物的美好与优点。这让他们的生活更加丰富,也更加幸福。

拥有敏锐的觉察力,就像拥有了一副善于发现美好的"敏感的眼镜"。

我试着学会停止批判,放下愤怒情绪,不再经常自责和自我怀疑,不向学生们说教,也不去抨击别人的作品。

当我看到优秀的作品时,不再自责技不如人,也不让自己陷进自我厌恶的情绪,而是集中精神欣赏作品本身,单纯地去感受作品带给我的感动与震撼,由着它们撞击我的心灵和感官。

利用敏锐的觉察力去感知生活中美好的一面,无论你是某个领域的专业人士还是普通人,大概都会受益。

在现实生活中,很多过于敏感的人都拥有较高的品位与修养。他们能在自己擅长的领域（如服装或餐饮）内，展现出过人的才华。更进一步讲，若从行为举止等多方面来看，相较于普通人，高敏感人群往往会有更优秀的表现。

我们要感谢自己拥有一副善于发现美好的"敏感的眼镜"，思考如何使用它才能幸福。我们也要尊重所看到的一切，哪怕是不好的东西，也不要用自己的价值观妄作评判。

我做了很多年的书法老师。每当看到学生们的作品时，我都能轻易地察觉到他们的不足，通过种种细节，也能推测出他们写字时是充满干劲还是敷衍松懈。

不过，他们做得再怎么不好，我也不生气，不指责。

如果为这件事生气，就意味着我停留在了自己的价值观里，正在用自己的一套标准评判他们。当一个人被自己的价值观所禁锢，就会按照固有的认知，高高在上地要求别人这样做、那样做。

而我知道，这样将会永远站在学生的对立面，对他们进行批判，责怪为什么不这样写，为什么不更努力，我是怎么教你的，等等。毫无疑问，这只会让双方感到痛苦和难堪。

我还是要说，拥有"敏感的眼镜"是件好事。但我们要尊重一切可能性，允许别人和自己不同，不要根据自己的价值观妄作评判。

# 25

# 试着让敏感成为克服不安和焦虑的工具

我以前患有严重的飞行恐惧症。

这可能也跟我多虑敏感的性格有关。如果因为什么事非要搭乘飞机不可，我会感到极度的焦虑不安，1 周前就开始搜索诸如"要是飞机发生事故，哪个座位最容易逃生""哪个航空公司最安全""公司经营出现问题时，售后服务等维护工作是否得当"，等等。我总是联想到最坏的结果，焦虑得睡不着觉。

我第一次产生飞行恐惧，是在上高中时的一次家庭旅行中。当时，我们全家乘坐飞机到关岛旅行。途中，飞机遇到气流发生了颠簸。虽然不是很剧烈的颠簸，但我还是吓坏了，怕得大喊大叫。回国之后，我将这次经历夸大其词，跟学校的朋友说我当时还以为机翼要断了。于是，我越说越害怕，便自己放大了对飞行的恐惧心理。

后来，只要一想到飞机，我就会陷入紧张、烦躁和易怒的情绪。在很长一段时间里，我都不敢再坐飞机。而现在，我之所以能够克服这个恐惧，是因为我收集到了"正确的信息"。

所谓"正确的信息"，指的是在对专业领域的知识有了广泛和深入的了解之后所掌握的信息。

以前，我总是怀着不安的心情去收集信息，越是害怕就越会不自觉地在网上搜索"飞机、不安、危险"等关键词。收集到的负面信息越多，我就会越焦虑，以致最后陷入一种难以逃离的恶行循环。

更严重的是，当我听闻某架飞机发生事故、事务部门的员工遭到免职，或者在机场看到职员懒散懈怠，我都会没完没了地焦虑，不受控制地联想到"这家航空公司安全吗"。

一次偶然的机会，我在书店看到了一本书——《献给害怕坐飞机的你——一本帮助你克服飞行恐惧的书》，是它拯救了我。

这本书包含的信息正是我所需要的。它向我科普了飞机是如何飞行的；从统计数据上看，飞机是最安全的交通工具，飞机颠簸和坠机没有直接关系，飞行前一天和当天应该怎样做，等等。当我试着消化这些信息，便能逐渐冷静地思考飞机的安全性与便利性。我曾因害怕坐飞机而开车去了关西，现在才知道，原来乘车遭遇交通事故的概率要比乘坐飞机高出百倍。

以前想到飞机，我会联想到"不安，危险"，而现在想到飞机，我会联想到"便捷，安全"。

渐渐地，随着飞行次数的增多，我不仅能在搭乘飞机的前一晚顺利入睡，甚至会开始期待飞行。经过了大概一年的时间，我彻底克服了飞行恐惧。

虽然恐惧的心理不会一朝消失，我也无法对它视而不见。但随着时间的流逝，我还是成功克服了它。不可思议的是，当恐怖的情绪逐渐淡薄时，我发现自己喜欢上了坐飞机，并对此感到兴奋。于是，我把工作范围也拓展到了北海道、冲绳，甚至是海外。

回顾这一系列的小插曲，我发觉敏感的人确实会比一般人考虑得更多、更长远，但这不意味着敏感就是件坏事。敏感的性格使我们敏锐地觉察到生活中的危险，并提前进行风险管理。广泛搜索、收集信息，可以说服自己摆脱恐惧。结果是不仅克服了弱点变得更强大，也储备了更多的知识、增加了生活的乐趣。

# 第 4 章

# 不要被他人的情绪左右

# 26

# 不要被他人的情绪左右

我有一个原则：自己的心情要由自己决定。

换句话说，就算周围的人心情不好，我也不会为他们的情绪负责。

已婚的人多多少少都会有这种感觉，有时候另一半突然生气了，自己却不知道为什么。

工作中也有类似的情况，老板因为某些原因发了火，最先受到连累的就是员工。

在这种时候，我不会尝试解决别人的问题。他们的情绪是他们的事，不应该由我来负责。我接受"每个人都有不开心的时候"，但我不会对那种不开心进行干涉。

我之所以有这样的想法，可以说和我父亲的工作有关。父亲从事《自行车比赛预测报》的发行工作，比赛的输赢决定了人们中奖与否，也影响了父亲的心情。

父亲偶尔心情不好，就会和母亲吵得很凶。家里的气氛好像多变的天气，常常在一瞬间由晴天变成雷雨天。如果我总是被父母的情绪影响，就注定无法平静地生活。

因为我是在这样的环境中长大的，所以理所当然地把自己和别人分得很清，别人的情绪是别人要负责的问题，而我的心情要由我自己决定。

话虽如此，但我也是人，偶尔还是会受到别人情绪的影响，变得消极。再加上我天性敏感多虑，所以总是不自觉地去讨好别人，看人脸色行事。为此，我常常后悔，后悔自己没能说出真实的感受，不懂拒绝。

我并不是一个天生积极乐观的人，尽管我看起来是如此。作为一个书法家，如果太敏感，就会无法忍受自己和作品暴露在世人面前，所以我故意变得迟钝。

如果你也因为过于敏感而活得很辛苦，我想告诉你"没关系"。只要不断地练习，你也能培养自己的钝感力。

如果你很容易受到周围人的情绪影响，就不可能活得轻松。自己是自己，别人的情绪，坚决不要参与。

接下来，我想介绍一些练习方法。

为了不被卷进别人的情绪中，我会提前进行心理建设。

所谓心理建设，是指运动员一类的人对自己的思维方式、态度、情绪等进行日常设定（强化、调整、改变等）。

例如，每天早上出门前，他们会告诉自己，"今天也要开心哦"。如果天气放晴，他们会很开心地想，"晴天真好"。反过来，如果下雨，他们也会开心地想，"我最喜欢下雨天了"。

这样一来，就算周围的人都在为了假期过后的工作日刚好是雨天这件事而叫苦连天时，他们也不会受到丝毫影响。

我的名字带"雲[①]"，我从小就喜欢下雨，可我周围的大人们一到雨天就会露出苦涩的表情。就连报道天气的预报员姐姐在提到雨天时，也会说"不凑巧是雨天"。这真让人觉得不可思议。

每当夜晚来临，我都会感到情绪低落。等待睡眠的感觉实在是让人太难受了。

我向几位女性工作人员提起此事，她们却发表了不同的意见："睡觉是最幸福的事了，那种感觉就像飘在云彩上一样。"

---

① 雲：此处为日语汉字，同汉语的"云"。

竟然会有这种感觉，我以前从没想过。当我试着模仿她们，把被子想象成云彩时，竟惊喜地发现自己也能享受睡眠了。

说到底，人的喜好不是从一出生就决定好的，只是家庭或过去经历的影响增加了我们对"不喜欢"或"不擅长"的解释。

如果做好心理建设，我们的想法就会发生改变。它能帮助我们不再轻易地被别人的负面情绪影响。至于讨厌的东西（如雨天），也有可能变得让人喜欢。

# 27

# 放平心态，
# 接受自己的不理解

人际关系中的很多烦恼，都源于我们想得太多。

"他的真实想法是什么？""他其实是在生气吧？""他真的开心吗？"我们之所以活得这么累，是因为我们总想读懂别人的内心。

我们太渴望读懂别人了，所以生活中才会充满关于"如何读懂人心"的心理学信息。

站在别人的角度思考问题固然是很重要的，但如果我们过于探究别人的真实想法，就没有意义了。

人心就像一片树海。

众多的树木连成了一片海洋。人一旦踏入其中，就很难再走出来。

人心也是如此，如果你总是想探寻对方的真实意图，最终就会迷失方向。

每个人都具有多面性，没有任何一种情绪可以清楚

地描述他们在某一时刻的心理状态。我们想想自己就知
道了。

举个例子，假设你的好朋友在社交媒体上传了看起
来很开心的照片，并配有"我找到工作了""考试顺利通
过""正在海外旅行"等文案。

你能用一句话来形容自己看到那些照片时的心情吗？
我想应该很难，因为你的心情必定会很复杂。作为朋友，
你既有衷心祝福他的心情，也有羡慕、嫉妒的心情，还可
能有因对方的炫耀而轻视他的心情，甚至可能有因自卑而
产生憎恶的心情。

你的反应取决于你所处的境遇和当时的状态。不管是
正面情绪还是负面情绪，它们都是真实存在的。总的来
说，你更大程度上会为朋友感到高兴。

如果让你承认你的真实感受之一是"有什么好炫耀
的，真的很烦人"，那么你一定会极力否认。

人是复杂的。我们不可能预知自己面对某件事的心
情，直到它真的发生。至于别人的情绪，也是飘散的、混
乱的，看不见又摸不着的。"那个人是怎样的心情？""明
明主动联系过了，怎么不理我？""他今天为什么看起来不
开心？"，如果总是担心这些问题，烦恼就会没完没了，也
没有任何意义。

我们很容易受到周遭事物的影响，情绪总是飘忽不
定，心情也可以在 1 秒之内发生改变。

假如白天你和别人发生了不愉快，对方态度很不好，甚至站到你的面前对你破口大骂。不管他是出于什么原因，你当下都会感到非常生气。

但你不会一直生气，因为没有人可以永远停留在一种情绪里。肚子饿了。食物很好吃。被雨淋了，惊慌失措。工作顺利，感到很有成就。听到一个不幸的消息，悲伤地哭了。看了一档喜剧节目，开心地大笑。宠物太可爱，得到了治愈。和家人聊天，很愉快。悠闲地泡了个澡，感到很放松……

像这样，心情会随着很多事情的发生而慢慢改变。

我们总是不断地受到眼前事物的影响，心情也在随之变换。连我们自己的情绪都如此动荡，试图读懂他人的情绪又有什么意义呢？

我的朋友秋元康[①]曾跟我说过这样一句话。

"没有什么比总是在意别人的批评更可笑的了。批评你的人在这一秒批评你，下一秒就会忘记这件事，出去吃好吃的。"

我也这样认为。

常常听到别人说："我本以为他是个好人，没想到却被骗了。他竟然那么坏。""那个人好奇怪，真让人搞不懂。"每次听到这样的话，我都会像下面这样告诉对方。

———————

① 秋元康（1958— ），东京人，日本演艺幕后工作者。

"不，是你想错了。人不光有表里两个方面，还有很多个不同的侧面，每个人都是具有多面性的。"

人心不是只有简单的表、里两个方面。正如我在前面多次提到的那样，一年 365 天、一天 24 小时，人心就像被抛出的骰子一样，会不停地转变。有时很坚强，有时很脆弱；有时精于算计，有时幼稚单纯；有时刻薄冷漠，有时亲切善良；有时自私自利，有时又是利他的。

而且，一个人所展现出来的样子，跟他当天的状态和心情也有关。心有千变，人有千面，但每一面都是真实的。

既然我们根本无法完全读懂一个人，不如敞开心扉，以不同的角度包容地看待。

当我们不再以单一的形象去定义一个人，便会很容易在他身上发现以前从未发现过的好的一面。尊重别人的多面性，生活也会变得更轻松。

接受人的多面性，每个人都不只有"表里"两个方面。

# 28

# 不要通过加入小团体来
# 寻找归属感

有的人不擅长团体生活，他们会因为自己融不进团体而感到格外孤独。

有的人是不喜欢团体生活，他们宁可一个人独来独往，也不愿意加入某个小团体。

当我思考两者的差异时，发现其实人对于团体生活的依赖性，在一定程度上取决于他精神与财务方面的状况。

从我个人的角度来说，我不强迫自己融入任何组织或团体。

虽然我经常出现在电视上，但我认为自己并不属于"娱乐界"，当然也不属于"出版界"，甚至不属于我深涉其中的"书法界"。

我不曾将自己圈进任何一个世界，就算随时都有可能离开，我也毫不介怀。

在面对业界相关的工作人员时，我也不会通过压低自己的姿态，刻意地去迎合、讨好。保持一定的距离，反而能够经营好一段关系。

回想起来，我从上小学开始就是这样，不会强迫自己去融入任何一个团体。

尽管如此，当我上了初中受到同班同学的排挤时，我还是感到很难过。因为在我的认知里，学校本该是一个真正属于学生的地方。不过后来，当初排挤我的小团体起了内讧，我便觉得被孤立也许是一件幸运的事。

因为工作的关系，我涉足了很多个不同的圈子。但是我没有跟其中任何一个圈子保持着过密的联系，所以我生活得很轻松。我既不需要消耗自己去迎合别人，也不会被卷入复杂的人际关系里。在与人交往的过程中，我总是希望彼此之间能够保持一定的距离，就算他们表现得不与我十分亲近，我也不会在意。

我清楚地知道自己不愿意受到任何一个团体的约束，也不需要通过依附一个团体来获取归属感。

如果过于努力地去融入一个团体，反而更容易遭到孤立。与其在一群人中委曲求全，还不如一个人独来独往更加自在。

所以，当你发觉自己不管怎么努力也融入不了一个团体的时候，就应该尽早放弃。完全摆脱它，或者保持距离，才能不被卷入复杂的人际关系里。

与过去不同，现在的世界是一个更加多元的世界。无论是在社交网络上，还是在现实生活中，人们都会根据兴趣爱好或价值取向等的不同，划分出各种各样的群体。

在工作和住房方面也是如此。我们所处的时代，不再是一个被"村八分①"对待就无法生存下去的时代。"一个家庭中的丈夫或妻子应该扮演怎样的角色""身为长子应该怎样做""一旦进入一家公司，就要在那里一直工作到退休为止"等，很多这样的传统观念都逐渐消失了。

既然生活在一个如此多元、如此包容的世界里，我们又何必执着地想要融入某个特定的群体？大胆去做你想做的任何事吧，不用踌躇，也无须顾虑。

每个人在选择面前都是无限自由的。

人际关系中的矛盾冲突也好、无法发泄的负面情绪也好，都将消失不见。你再也不需要频繁地向别人解释自己，也不需要心存戒备地生活。只要你不再强迫自己，一切都会变得更好。

即使没有在群体生活中寻得归属感，我们也能很好地生活下去，最重要的是保持思想的自由和人格的独立。

---

① 村八分：是日本传统中对于村落中破坏成规和秩序者进行消极制裁行为的俗称。

# 29

# 与讨厌的人"保持距离"，
# 是最好的处理方式

　　我经常被问道："武田先生，你有讨厌的人吗？"

　　当然有了。我不喜欢无法控制自己情绪的人。虽然我能和大多数人愉快地相处，但对于动不动就生气闹情绪的人，我实在是不知道该如何应对。试想，如果一个人不在乎你的感受，总是突然冲你发脾气，把负面情绪强加给你，你又怎么可能会喜欢他呢？

　　每当有人问我该如何与讨厌的人相处时，我都会告诉他："和对方保持物理距离和心理距离。"

　　所谓的保持物理距离，是指要尽可能地避免与对方相处。而保持心理距离，是指不要期待与对方在情感上变得亲近，也就是我之前所提到的，不要刻意去迎合、讨好对方。

　　关于这个距离的问题真的很有意思。如果有人在你面前发脾气，冲你大喊大叫，你就会很容易被他的情绪影

响，变得无法冷静下来。

但如果对方是站在离你很远的地方发脾气，你会怎么样呢？你可能会不太在意地想"他怎么又在生气""真是不成熟"。物理上拉开的距离，使你能够以一个旁观者的身份看待对方。

一辆在跑道上看起来很酷的赛车，如果突然驶入你家门前的小巷，你难免会抱怨它行驶的声音过大。简单地说，你怎么看待它，取决于你们之间的距离。基本上，我们无法改变对方，如果想要获得平静，就只能改变自己，或者拉开彼此之间的心理距离和物理距离。

"很讨厌跟领导打交道，该怎么办？长期处于压力中，感觉自己快要生病了。"

这是另一个常见的问题。大多数人都不擅长与有权势的领导相处，也很害怕被他们讨厌。这一点，我也深有同感。

如果你因为和领导的关系不好而备感压力，甚至到了影响身体健康的地步，那么首先需要做的就是接受自己的负面情绪。"那个领导真的很讨厌""如果他走了，我就轻松了"，像这样，接纳愤怒的自己，让情绪得到释放。

只有这样做，你才能渐渐冷静下来，恢复理性。

接下来，我们要采取一定的应对办法，大致有两种，细分的话也可以说是 3 种。

这两种分别是：要么大胆面对，要么与对方保持距离。

我的学生中有一位女性职场人，她很不喜欢自己的领导，每次和对方相处都需要鼓起很大的勇气。

可为了缓和关系，她敢于邀请领导出去喝酒，热情地谈论工作。即使因精神过度紧张而引起胆碱能性荨麻疹，她也能够忍着不舒服，继续跟领导倾诉自己的想法和感受。两年过后，那个最初跟她关系不好领导却成了她坚实的靠山。

然而，这样的例子并不多见。她最后之所以得到了领导的赏识，主要还是因为自己付出了努力。

如果你无论如何也不愿意面对，就只能避免与对方接触，比如辞职或者跟公司请示换个部门。

这样的做法乍一听很消极，其实不然。有时候，逃避反而是一种积极的选择。试想一下，如果你在森林里遇到一只熊，逃跑不是胆怯也不是懦弱，而是自救，是你主动向自己施以援手，因为安全才是最重要的。

还有一个办法，也是逃避，不过不是彻底逃避。简而言之，无论对方说什么，你都无须放在心上，只要以一个成熟大人的姿态，口头上敷衍过去就好了。即使拉不开物理上的距离，也可以保持心理上的距离。

如果无法与讨厌的人保持距离，做好最坏的心理准备，也是一种积极的态度。

顺便说一下，我就是这种类型。虽说偶尔也会与对方当面据理力争，但大多数情况下我更倾向于逃避。如果实在无法避免与之接触，我便会在心理上疏远他。

当对方惹我生气时，我可以无所谓地接受他的道歉。当对方批评我时，我也可以敷衍着向他道谢，然后跑开。总之，我不会以自己真实的情绪面对他。

在现实生活中是否能以这种办法应对，取决于当事人的个性以及与对方之间的关系，所以我并不向所有人推荐。

不过，只要知道还有这样的应对办法，心情也会变得轻松。

# 30

# 孤独时，多想想"我们"，
# 而不是"我"

　　生活在这个世界上，人难免会感到寂寞孤独。以多人称的视角看待问题，也许就能解决被孤立疏离的困境。

　　人称是对主体的一种称呼："我、我们"是第一人称，"你、你们"是第二人称，"他、她、它、他们"是第三人称。在学校的英语课上，我们学过这个。

　　小孩子只考虑自己，所以他们的主语总是"我"。

　　但随着年龄的增长，他们的社会意识会不断地提高，小孩子也逐渐能够为他人着想。

　　一个善于以多人称视角考虑事情的人，不仅会站在"我"的角度思考问题，也会站在"你""我们""他们"等更广泛的角度思考问题。

　　就公司职员而言，第一人称思维是指他们只考虑自己，第二人称思维是指他们只考虑面前的人，而第三人称

以第一人称思维处世，只考虑到"我"，就会产生孤立感。如果凡事都能考虑到"我们"，人际关系就会得到改善。

思维是指他们可以考虑自己的部门、整个公司、行业甚至国家的利益。

虽然过于扩大视角会失去现实感，但我总是习惯于以第三人称思维思考问题。对我来说，自己很重要，家人也很重要，书法教室的学生、老师、工作人员都很重要，别人的家人也很重要，书法界、出版界、媒体界的人都很重要，世界上所有的人都很重要。

一个只会以第一人称思维思考问题的人，无论身在何处，身边有多少人，都会感到孤独。若想获得幸福，就要学会以第三人称思维思考问题。如果你让别人感到快乐，自己也会更加快乐。

另外，如果你能以第三人称思维思考问题，就不再会被所属公司、行业或其他组织的局部逻辑所约束。从宏观

的视角看问题，微观的理解就会变成"无源之水"，失去
依托。把目光放得更远，注意的便是整个国家，甚至是世
界。如此一来，人际关系也能得到改善。

# 31

# 放弃完美主义，
# 打消多余的顾虑

　　过于敏感的人往往不喜欢聚会、酒会等人多的场合。在意身边各种各样的人会让他们觉得很累，起身离开到一个安静的地方去，他们又会感受到巨大的孤独。

　　其实，在这种场合，只要放弃"必须得做点什么"的执念，就会变得轻松很多。

　　别人的情绪固然很重要，但我们无须过度关注，专注于自身去享受生活才是正经事。

　　按下"钝感力的开关"，专心品尝面前的食物，心无旁骛地与人聊天，默默享受观察别人的乐趣。无论做什么，我们都应该优先考虑自己的情绪。

　　当你可以适时地打开或关闭"钝感力的开关"时，无论身处何处，都更容易感到轻松、幸福。

　　为了能够自如切换敏感力和钝感力的开关，我也仍在练习。

例如，很多人聚集在一起，其中两人突然开始争吵。如果是以前，我一旦察觉到这种气氛，就会为了解决问题而马上采取行动。但现在，就算火快要烧到身上，我也会在那一瞬间打开钝感力的开关，抱着"吵架也可以，怎么样都行"的态度面对冲突和矛盾。

放弃完美主义也是摆脱敏感的一种方法。当我在公众面前讲话时，比如出演电视节目或参加演讲，我不会强迫自己方方面面都做得完美。

然而，以前的我却不是这样的。以前的话，与其说担心自己受伤，不如说更担心自己伤害到别人。我经常反省自己有没有因为说错话而使人感到不舒服，会不会因为表现得太积极而让消极的人产生压迫感。

工作的时候，我也总是忧心忡忡，害怕"祸从口出"，招来不好的事情。甚至，我曾怀疑自己患上胆结石，是不是因为乱说话遭到了报应。

然而现在，当我在公共场合发言时，虽然也会小心谨慎，但不会过于关注周围人的情绪。因为我知道自己不可能让每个人都满意，也不可能说话时不伤害到任何一个人。

如果你跟100个人说话，有一个人可能会受到伤害，但至少有一个人会感到安慰。无论是在很多人面前说话，还是在书中或博客上表达自己的想法，现在的我都会抱着这样轻松的态度。

　　说起开关，现在大部分人一起床就会打开手机或计算机。但我觉得，偶尔关闭这类电子设备，屏蔽掉外界的信息也很重要。

　　即使你不是一个敏感的人，社会上各路层出不穷的信息也可能促使你变得敏感。如果一个人毫无戒备，就很容易被卷入愤怒、不安等负面情绪中。

　　昭和时代之前，人们除非真正到人群聚集的地方，否则很少会感到情绪上的低落，人际冲突发生的频率也不高。

　　然而，互联网时代就不同了。在网络新闻、传统媒体、社交平台的协同作用下，我们足不出户就可以收到来自世界各地的信息。无论是外国的负面新闻还是朋友举办的生日聚会，大量能够刺激敏感度的消息一不留神就会将我们淹没。

　　另外，在如此发达的互联网时代，有时你与朋友之间的一个玩笑，都有可能引起骚动，被传播到全世界。别人的小题大做，甚至会给你带来一场无法躲避的网络暴力。所以，为了能够适应这样的世界，我们有时需要远离媒体，切断网络。

　　这就是所谓的"电子排毒"。我经常告诫自己，要适当地远离社交网络，切断与电子世界的关联。虽然因为工作关系，我不能长时间地与外界断联。但只要一有机会，比如在乘坐新干线的时候，我就会积极地关掉手机，享受做些其他事的乐趣。

　　只要减少与网络世界相连的时间，你就能切身感受到内心的轻松。

# 32

# 请求生气的人具体地告诉自己，他希望你怎么做

与已婚人士聊天时，常听到有人抱怨自己的伴侣不知为何突然生气。

这种情况不是说谁的错，而是男人和女人看待世界的方式不同。妻子有妻子的道理，丈夫也有丈夫的逻辑。由于认知的偏差，两个人谁也不理解谁，只有火气渐渐积聚，直至导火索被点燃，爆发争吵。

假设男人生活在类似于平面的二维空间，女人生活在立体的三维空间，那么三维空间中的流动性，在二维空间里只能通过不规则的"点"来表现。

同样，我们很难注意到对方心中所想的一切，但我们可以提出疑问。

"我不是很清楚你的意思，可以给我具体一点的建议吗？我会按照你说的去做。"

换句话说，就是把对方的愿望具体化为一种可见的形式。

"你生气的理由可能有很多，但我不知道是什么，所以我希望你能具体地说出三个（或者说一个也可以），我保证在一个月内尽力按照你的希望完成。"

不明白的时候，就不要继续思考不明白的事，先弄清楚对方希望你怎样做，然后再采取相应的行动。

这个方法不仅可以用于夫妻间，也可以用于领导和下属等其他人际关系。

# 第 5 章

# 掌握气氛，轻松控场

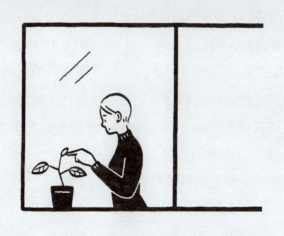

# 33

# 自己是"情绪预报员"吗

到目前为止，我们一致认为，敏感的人在生活中会经历很多困难。

不敏感的人呢？

不敏感的人往往不在意或注意不到别人的情绪，所以从某种意义上来说他们是快乐的。不过在工作场合，他们常常会被公司的领导、前辈提醒："要懂得察言观色""应该多考虑一下对方的心情"，等等。看来，一个完全迟钝的人要想在社会上取得成功似乎是不可能的。

相反，一个敏感的人或者说一个感情细腻的人，在察言观色这方面有着惊人的天赋。他们不用刻意去观察，便能敏锐地感知到别人的情绪，甚至能对即将发生的事进行一定程度的预测。他们总是提前烦恼，心情也会因此变得沉重。

对于敏感的人来说，这种天赋也许正是烦恼的根源。但从另一角度来看，这意味着他们具有良好的"感知能力"。而作为一个人，对于他人的情绪敏感是件好事。如果能够合理地利用它，生活将会变得更加丰富和有趣。

所以，大多数在社会上取得成功的人一定是那些过于敏感的人，即使他们在表面上看起来并不如此。

我认为，能够迅速察觉到他人情绪变化和周围气氛的人，应该把自己看作一个"情绪预报员"。就像天气预报员利用他的专业知识解读天气一样，敏感的人也可以利用自己敏锐的觉察力去解读别人的感情，并让它帮助自己和大家变得更幸福。

这听起来像一个无聊的冷笑话，但仅仅是给自己贴上情绪预报员的标签，就会让人感觉更积极、更轻松，不是吗？

天气有好的时候，也有不好的时候。有时万里无云，有时细雨霏霏，有时台风大作，有时大雪纷纷。每个地区的气候也各不相同，有些地区酷热，有些地区寒冷，有些地区昼夜温差大，有些地区雨水多，有些地区风大，有些地区天气多变……

人的感情也是如此，和天气一样变化无常。根据所处环境的不同，感情会相应地发生变化。在一段人际关系中，"情绪预报员"往往能够比一般人更早、更准确地觉察到问题。

如果每次都能如此敏锐，不论身处何地，都能凭靠自己的觉察力应对一切问题。

例如，现在是梅雨季（你因为悲伤的事每日难过流泪），但你知道一个月之后就是夏天（老板很容易对下属发脾气），你就可以通过保持低调（尽量不要出头）来设法避免损失。

当天空布满乌云（你身边的人心情变得低落），你可以预测到，"这次应该不会有很大的风暴，明天早上，雨就会停"。

如果习惯于凭借敏锐的觉察力对未知的事物进行预测，那么你不仅能够轻松地生活，还能将自己所了解到的"情绪信息"很好地传达给周围的人。即使偶尔预报不准，那也不失为一种魅力。

最初，我像是开玩笑一般地想到了"情绪预报员"这个名字，现在却越发觉得它合乎道理。"情绪预报员"们不仅善于体察情绪，而且善于掌握气氛。在职场上，这样的人很可能成为一名优秀的咨询顾问或秘书。

特别是在今后的社会里，电脑将逐渐替代人类的工作。这意味着我们更需要能够理解人类感情的人，能够对客户和同事体贴关怀的人。

所以，敏感的人可以更加自信。

# 34

# 成为一个能够改变 气氛的"空调"

敏感的人善于察言观色。眼前的人自不必说，在场其他人的感受他们也能细心揣度。设身处地为对方着想固然是好事，但如果因此受到坏情绪的影响，动摇自己的立场就危险了。

我们在照顾他人的感受之前，应该先保证自己的情绪稳定且不容易受到牵连。不过，这事说起来容易，做起来却很难。敏感的人确实很容易被他人释放的负能量影响。如果我们能够有意识地去改变自己，不只是单纯地察言观色，而是想办法利用自己的敏感把控现场的气氛就好了。

我在众多人面前做公开演讲的时候，深刻地意识到了这一点。

当主持人介绍我出场时，我会满面喜色地向观众问好，"大家好，我是武田双云"。如果得到的回应是一阵稀稀拉拉的掌声和几个勉强挤出来的微笑，我的心头便不由得涌起一阵苦闷和心酸。有时，我会试着讲几个笑话逗趣，但底下的观众却眉头紧缩，似乎并不买账，甚至有人会因为无聊，全程都在睡觉。

在这种情况下，我觉得必须得做点什么，来改变现场的气氛。

当现场的气氛变冷时，我也会相应地降低自己的兴奋程度，冷静地开场，"我是武田双云。今天特意从 × × 县 × × 市 <sup>①</sup> 赶来……"随着演讲的继续，一边谈话一边注意观察现场的气氛。为了能使观众产生共鸣，我会挑准时机讲些他们感兴趣的话题或丢几个包袱博众人一笑。像这样，我通过调动观众的情绪来活跃现场的气氛。

像我这样健谈的人，一开始遇到气氛变冷的情况也难免会心生沮丧。但随着经验的积累，我开始能够非常自然地改变现场的气氛，即使是在私人的小型聚会中也是如此。

如果说成为一个"情绪调动者"能够把握现场的气氛，那么成为一个"情绪清洁者"，便能通过自己的努力赶走蔓延的负面情绪，或者成为一台"空调"，能够轻松调节现场气氛的冷暖。

不过，这是一项难度较高的技能。而且说实话，对于那些胆子小、习惯于看别人脸色行事、无法表达自己真实

———————————

① 在日本，县的行政级别高于市，所以县放在市前面。

感受的人来说，会更加困难。但我认为最重要的是，人应该尽可能地挑战自己。我们可以在一对一的谈话时，或者在与非常亲密的人交谈时，练习这项技能。

切记不要急躁、不要焦虑、不要竞争，我们只需按照自己的步伐学会如何一点一点地去改变（替换）现场的气氛就好了。

# 35

# 与人初次见面，
# 要先保持好奇心

"在第一次与人见面的时候，对方会怎样评价我？"

"要是能给别人留下好印象就好了。"

对于敏感的人来说，这样的想法（焦虑和期待）会比一般人更加强烈，我也不例外。

正如前面所说，我是那种担心自己的言行会伤害到别人的人，所以我很在意自己说话以及传达感受的方式。作为一个普通人，我很想给别人留下好印象。如果我对对方抱有好感，而对方却觉得我讨厌，那就太遗憾了。

然而，我不会为此提前制订作战计划，也不会为了博个好印象而故意扮演好人。

对我来说，最好的办法非常简单，那就是"对对方保持好奇，毕竟别人是怎么想的，你怎么琢磨也无从知晓"。

与人接触时，保持好奇就够了。毕竟，别人在想什么，你怎么琢磨也无从知晓。

　　喜欢上对方，尊重对方，对对方抱有好奇心——仅此而已。因为没有人会讨厌别人的真诚和好奇。

　　迄今为止，我和120多位名人进行过对谈。在谈话前，我会把准备工作控制在最小范围内，尽量不通过其他途径去了解对方。因为如果我提前了解到的信息过多，就会不自觉地戴上有色眼镜。

　　许多节目制作人和编辑都称赞我"善于讲出有趣的故事"。其实，原因很简单，只要发自内心地对别人感到好奇，就能做到这一点。

　　实际上，在谈话的过程中，我根本没有时间去思考"接下来要讲一个怎样的故事"。我能做的只是对对方抱有好奇心，在好奇心的驱使下，"接下来该说什么？还有哪些精彩的故事？"便自然而然地得到了解答。

　　如果非要我具体地说出一些心得，那我建议在与人谈话时，不要做出好坏评价，只要让对方觉得你对他说的话感兴趣就足够了。也许这就是我能让别人感到舒服的原因。

与人谈话就像玩抛接球游戏。试想一下，当你很开心地和朋友玩抛接球时，对方却频频地评价你"姿势不正确""抛错了地方"或者"抛球没劲（抛得不远）"，你的心情会好吗？你会因此感到情绪低落，不愿意说出真实的感受。

从某种意义上来说，与人谈话也是如此。著名的搞笑艺人田森一义[①]先生便深谙此道。

以前，我上过田森一义先生主持的电视节目《笑一笑又何妨》（日本富士电视台）。田森先生给人的感觉非常放松，他似乎对我所说的一切都很感兴趣，也从不对我做好坏评价，与他谈话我感到很舒服。那次经历让我觉得田森先生是一个真正的谈话高手，一个天才。

并不是每个人都能习得田森先生的谈话技巧。但如果我们在与人谈话的过程中，保持好奇心，不随便评价对方所说，便能慢慢地模仿一二。

---

① 田森一义（1945— ），福冈人，日本搞笑艺人，广播电视节目主持人。

# 36

# 试着改变朋友的定义

平时，我要么待在书法教室，要么在家中悠闲打发时间，很少参加聚会或酒会。其中一个原因是我不会喝酒，还有一个原因是我在为自己的生活做"断舍离"。也就是说，我会优先考虑对自己来说最重要的那些事，并大幅度削减不必要的事。

我很珍惜独处的时间，也很珍惜和家人朋友共同度过的时间。虽说和不认识的人共同参加一场聚会也不错，但如果和熟识的同事聊天谈论一个项目或产品的进度，我会更加乐在其中。其实，我对朋友的界定是不同于常人的。

对我来说，朋友是在同一场合中能与我共处的人。即使我们只是一起愉快地吃了顿饭，对美食有着相同的见解，在我的理解里，我们就是朋友。这跟我们见过几次面没有关系。另外，由于工作原因，我会和从事图书出版或节目制作的工作人员进行比普通朋友之间更加深入、更加严肃的交流。所以，对我来说，他们也是非常重要的

朋友。

我知道很多人都为"朋友少"或"交不到朋友"而烦恼，像我这样试着改变对朋友的定义，也不失为一种办法。

当你出于某种原因，不得不和一些不认识的人参加聚会时，你会因为"害怕自己不能很好地融入群体""配合对方很累""之后关系继续下去很麻烦"这些想法而备受煎熬。但如果你从一开始就抱着"来参加聚会的人都是朋友"的想法，就会感觉轻松很多。

人们所说的朋友一般指的是"很亲近的朋友"。朋友越多我们就越强大、越快乐，这其实只是一种臆想。试想一下，如果你有 100 个亲近的朋友，你能和他们每个人都相处得融洽吗？

朋友多并不是一件坏事，但朋友的多少不在数量，而在质量。知心朋友不用多，一个就够了。

朋友的多少不在数量，而在质量。彼此之间能够产生共鸣，能够愉快相处的都是朋友。

# 37

# 在被明确拒绝前，
# 不要暗自放弃

有时候，太顾及别人的感受，会导致我们畏首畏尾。

这一点在向异性告白这件事上，体现得淋漓尽致。

我想每个人或多或少都有过这样的经历。你很喜欢一个人，却无法将自己的喜欢宣之于口。因为你害怕对方不喜欢你，害怕破坏你们之间的关系。你总是太过顾及对方的感受，以致为自己的人生留下遗憾。

正如我在前面多次提到的那样，在采取行动之前，你永远不可能预知对方在想什么。

从这种意义上来说，必要时我们应该拿出勇气，戴上"主动的眼镜"。

前几天，我在电视上看到了以明石家秋刀鱼为首的当红艺人们，正在和"不擅长恋爱的东大生[①]"聊天。

———————

① 东大生，指东京大学的学生。

　　我与节目中主持人说的话产生了共鸣。他们建议那些不敢向自己喜欢的人表白的男学生，"勇敢表达自己的感情""虽然有可能遭到拒绝，但只要不纠缠对方，被告白的一方就不会讨厌你"。

　　确实是这样。假如你是被告白的一方，别人真诚地向你表达心意，你不会心生厌恶。只有对方死缠烂打，你才会备受困扰。

　　"没有被拒绝，就勇敢表白"，每当节目播出这句经典台词时，我都会产生共鸣。我觉得不光是在恋爱中，在所有的人际关系和商业合作中，这句话都适用。

　　仔细想想，很多时候，明明对方没有明确地拒绝我们，甚至我们都还没把话说出口，就已经自己放弃自己了。

　　我的工作室几乎每天都能收到各种各样的工作邀请。对此，我心里很感激。但我只有一个身体，自然无法接下每一份工作，所以不得已会拒绝一部分。有时是因为日程上不得空，有时是因为自己不感兴趣。

　　但我还是很高兴能收到那些邀请，每当对方通过电话或书面的形式向我发出诚挚的邀约时，我都感觉很荣幸。即使当下出于某种原因不能应接那份工作，我也完全不会觉得对方讨厌。只是在那个节点，我们之间没有缘分，如果之后有机会，说不定还会一起工作。

　　所以，就算我们一时遭到了对方的拒绝，也要明白这并非意味着自己被讨厌、被全盘否定了。

15 年前，我在商店街搭乘电梯时，碰到了一位女性。她背了一只非常漂亮的包。

于是，我下意识地说道："你的包真可爱。"听到这话，她好像被吓了一跳，但还是回答说："这是我自己做的。"

一般来说，人们在电梯里与陌生的异性单独相处时，不喜欢对方接近自己。但我向那位女性搭话并不是别有用心，也不是因为对方长得漂亮而故意为之。我只是单纯地对她的包感兴趣，想必她也察觉到了这一点。

缘分真的是一种很神奇的东西。记得当时我惊讶地问她："你的包都是自己做的吗？"后来聊着聊着，我们的关系就好到她会做钱包给我用。直到现在，我也很喜欢用她的作品。所以，很庆幸自己当时主动接近了她。

我们在向别人表达感受之前，总是会过多地担忧自己是否会被讨厌。但因此没能把想说的话说出口，而错失掉一段缘分，就会一直心存遗憾。

无论你是抱着恋爱目的，还是单纯地因为好奇，主动地和别人搭话，真的没什么大不了的。

这都是我从经验中学到的东西。

我们总是害怕被拒绝。但无论你是抱着恋爱目的，还是单纯的好奇，主动地向别人搭话，真的没什么大不了的。

# 38

# 思考之前，
# 先做出积极的表情

思考本身是一件好事，但如果想得太多，就无益了。而且重要的是，思考时采取怎样的方式。

越是严肃的事情，越是要用轻松的表情去思考。

正如我们在应试教育中学到的那样，一提到思考，脑子里便会浮现出以前大文豪执笔写作的样子，或是罗丹创作的雕塑《思想者》的样子。对我们来说，仿佛思考就意味着一脸严肃、郁郁寡欢、一动不动，甚至是挠头苦想。

我认为思考时不应该这样。基于人类的本性，如果我们一脸愁容，便不能朝着明亮且充满希望的方向去思考。如此一来，便会不可避免地陷入困境。

在公司或家庭会议上，如果有人阴沉着脸，一边叹气一边问道："今后会变成什么样呢？"那么得到的答案一定是消极的，负面情绪、抱怨、借口和不满也会接踵而至。

换句话说，用阴沉的表情思考，就像在互联网上搜索

"我该怎么办、焦虑、不安"一样。因为你输入了"焦虑"这个词，所以搜索出来的信息大部分是负面的。虽然正面的信息本应该也有很多，但由于你输入了消极的搜索词，所以显示出来的信息也都是消极的。

我们的大脑与搜索引擎的机制相同，如果用消极（焦虑不安）的表情思考问题，得出来的想法也会是消极的。这就是为什么当与会者的表情暗淡时，最好停止举行会议。

与此相反，如果带着微笑和欢快的表情讨论问题，在互联网上搜索"我该怎么办、积极、充满希望"，那么事情就会按照你所希望的发展。据我的经验，这样做的效果非常好，你会得到很多新的想法和正面的信息。

在旅行前，你一定会以开心的表情做出行计划。积极的态度会换来同样积极的信息，正面的想法、好的人和事以及钱财都会接踵而至。如果以积极的表情思考问题，就不会想到任何消极的事；如果笑着思考"接下来怎么做"，就会只想到积极有趣的事。

越是认真思考的时候，表情越容易变暗。如果带着微笑思考，自然会想出好办法。

　　然而，如果在会议室讨论工作，就很难确保每个人都轻松愉快。所以，我通常不会在办公室开会，而是在和员工一起吃午饭时或去海滩散步时交流想法。我这样做的目的是希望每个人都能开心地思考问题，让事情朝着积极的、正确的方向发展。这和我们为了烘托气氛，在派对上戴着"大鼻子眼镜"讲话是一个道理。

　　我不认为人在讲话时必须要一直露出积极的表情，但如果非要二选一，我宁愿积极而非消极地思考问题。

　　由于我总是露出积极的表情，所以与我相处过的人经常会说："武田先生，你好像从不消极""和武田先生待在一起，总是不由得也积极了起来""不会被困扰""还有什么可担心的""胡思乱想的话，倒显得自己像个傻瓜。"人们在我面前很难表现出消极的一面，这可能是因为我在谈话中总是提到一些积极的词语。

　　不过，我总是想得太多。偶尔也会担心自己这样做，是否存在强行引导别人的倾向。

# 第 6 章

# 享受“烦恼”的乐趣

# 39

# 与其思考，不如先行动起来

我之所以很少忧虑担心，是因为在担心前，我会先采取行动。

如果一个年幼的孩子在新干线上抽抽搭搭地哭了起来，几乎没有父母会放任不管。然后，他们会花很长时间去思考"孩子为什么会哭，我该怎么做……"这样的问题。

他们往往会立即采取行动，想尽办法让孩子平静下来。如果一个办法行不通，会马上尝试另一个办法。总之，比起思考，先行动起来是最重要的。

与此相同，当你察觉到自己马上要为某些棘手的问题而担忧时，重要的也是先采取行动。不要光靠头脑去思考，而是要先做一些力所能及的事情。

关于行动的内容，可以是任何事。如果涉及这个问题的还有其他人，你也可以去观察别人的反应。不行动起来，你就永远无法知道怎样做才是正确的。

与人相处时，如果发现自己与对方脾气不和，那么你

可以避免与他交往。反之，你也可以对他客客气气，说些
感谢或赞美的话。总之，你可以大胆地尝试做任何事。

学习某些东西也是如此。

举个书法方面的例子。经常有人问我："学习书法，应
该从哪一步开始？"我的回答总是一样的。

"都可以，重要的是开始这件事本身。"

只要你尝试去练习，无论怎样开始都可以。你可以从
钢笔字开始练起，也可以买高级的毛笔来激励自己。如果
觉得浪费，你也可以用那种 100 日元就能买到的毛笔。

对于"怎样才能写得好"这个问题的答案也是一样
的。只要练习，你就一定会遇到瓶颈。写不好的时候苦想
自己为什么写不好，是没有意义的。

过度思考的人通常会一直坐在半张纸前，自怨自艾道：
"为什么我就是写不好？是我没有天赋吗……"

以致到最后，他们会越来越多地收集自己做不好的理
由，比如，老师对我的评价很差；我没有艺术细胞；仔细
想想，我父母就写得不好；等等。

无论是谁，如果想得太多，就绝对不会变得积极。

比起考虑写不好的理由，拿起笔去练习才是最重要
的。如果总是写不好，可以试着换一支笔，改变拿笔的姿
势，或者向老师请教，让老师看看有哪些问题。总之，想
要突破瓶颈，办法有很多。

> 如果不知道怎样
> 做才是正确的,
> 先行动,后思考。

我认为,许多人喜欢过度思考是受学校教育的影响。这里的学校教育指的是坐在桌子前,学习以记忆为导向的内容。

这也就是所谓的纸上谈兵。我们在人生最重要的十几年中,大部分的时间都是坐在桌子前纸上谈兵。所以,不可避免地,它对我们产生了很大的影响。

而创造力是在行动中产生的,没有行动和"输出"(练习)的思考是很痛苦的。

我在学生时代学的是信息科学。从这个角度来说,现在的人都是以"输入"为主。能够获得信息或学习是很好的,但如果专注于输入而不进行输出(产出),人就容易原地踏步,永远为同一个问题而烦恼。

有些人想在互联网上做生意,他们会先去学校学习编程语言或如何创建个人主页。总之,他们能想到的第一步是从零开始，学习理论知识。

　　可如果是我，会马上着手去做。首先尽自己最大的努力行动起来，哪怕只是建立一个简易的网站，或者试着在网上卖一些东西。

　　我们可以通过网络上的各种途径学习理论知识。这是一个互联网时代，我们可以在书籍或电子杂志的帮助下，在几分钟之内免费学会如何建立一个网站。如果你还是不知道怎么做，可以在网上搜索教程，或问你认识的人。

　　如果没有真正地做过生意，那么你永远也不可能了解什么是经营。在我看来，经营过一家店铺，哪怕是很小的糖果店，也比单单拥有一个工商管理学硕士（MBA）学位更有好处。

　　所以，我们要先采取行动，后思考。具体地思考（讨论）怎么做，和单纯的烦恼是不同的。

# 40

# 在退缩之前先行动

我自创了一个词——"蹦极理论"。

在蹦极运动中，从检查安全设备是否安装得当，到真正跳下去之前，有一个固定的限制时间。也就是说，从理论上来讲，如果你决定要做某件事，就必须提前做好心理准备。

作为一个恐高症患者，我十分敬佩那些接受挑战的人。当我和蹦过极的人交谈时，他们说："只能心一横跳下去。"

然而，有些人会在最后关头选择放弃。他们会想尽理由，挑出各种各样的问题。要么说"安全绳太老旧了"，要么说"有个螺丝松动了"，一边说着"再等一下"一边掏出手机搜索"蹦极死亡率"，就和我之前提到的飞行恐惧症的故事一样。

在很多个"等一下"之后，他们开始疯狂地解释自己为什么要放弃，哪怕他们是从很远的地方特意赶来挑战这个项目的。

　　这个例子似乎有些好笑，但生活中类似的情况却经常发生。

　　也就是说，一个人如果长时间不采取行动，就会倾向于为自己的失败找借口。

　　一旦去思考到底是跳还是不跳这个问题，人就会变得软弱、退缩，不停地抱怨，为自己辩解，哪怕他真的站在蹦极台上时并不会感到恐惧。

　　所以，如果你想做什么，首先要付诸行动。拿上面的例子来说，为了不受伤，我们确实有必要提前确认安全性，但如果你只是站在蹦极台上用手机进行网络检索，不会有任何意义。

# 41

# 与其后悔自责，
# 不如展望未来

正如第 1 章所述，我在 2011 年患上了胆结石。接受治疗的时候，我问医生："为什么我会得胆结石？"他这样告诉我："不用问了。事到如今，问这个问题没有任何意义。"

这是因为引发胆石症的原因有很多，如饮食习惯、家族遗传、生活方式或压力等。这种病症的形成原因很复杂，所以无法确切地判断到底是哪一个原因导致了胆结石的形成。

我对医生的话深以为然。

在我生病期间，母亲一直很担心也很抱歉："是我遗传给你的吗？对不起。"妻子也在反省："难道是我做的饭菜搭配不当？"

其实，回想起来，我年轻时吃了很多油腻的食物，还很喜欢甜食。也可能是因为我在工作中承受了很大的压力，或者因为人际关系而烦恼不已。我以为自己是积极的，但实际上我很消极……一旦这样思考起来就没完没了，可能造成胆结石的原因变得越来越多。

就像尝试琢磨别人的心情一样，一旦我试图找出病因，就马上陷入了一片令人迷茫的树海。

那个时候，我意识到，与其寻找得胆结石的原因，不如想清楚今后该怎么办。与其一边后悔一边思考永远得不到答案的问题，不如思考在今后的生活中该如何做到不再引发胆结石。后者更有意义，也更让我加接近幸福。

作为解决问题的好方法，我在前面介绍了"分解问题"的想法。姑且不论电话线路障碍这类不查明原因就无法解决的问题，假如判定问题出在了人身上，那么首先将问题本身拆解成"为什么会这样"和"现在该怎么办"这两部分，并把重点放在后者比较好。

# 42

# 把一切都当作"游戏"的感觉很重要

在我的书法教室里，挂着一块牌匾，上面写着"游戏人生"。

这是我人生中一个重要的信条。虽然它可能与世界格格不入，但不论是进行书法创作，还是在讲座上发言，或是出演电视节目，玩电子游戏、冲浪、旅行、与家人聊天，我都有同样的诉求，把一切都当作人生中的游戏。

> 休息的时候情绪高涨，而工作的时候就变得沮丧，这样的生活是很累的。把一切都当作"游戏"的感觉很重要。

　　对我来说，与编辑团队讨论一本书就是让人非常快乐的事。不同领域、不同年龄、不同经验和不同兴趣的专业人士坦诚地相互交流意见，目的只有一个，就是"做出一本好书"。这个过程中产生的化学反应是最令人愉快的部分。

　　当然，也有人习惯于将工作和私人生活严格分开。这在社会上是比较常见的做法，我的生活方式可能有些不同。

　　如果切换到生活模式，就情绪高涨、心情愉快，切换到工作模式就马上情绪低落、心情沮丧，直到外出度假，心情又愉快了起来……如此起起伏伏，岂不是很麻烦？

　　有一天，我去了东京迪士尼乐园。在咖啡馆喝茶的时候，我一直在观察其他客人。我发现在迪士尼乐园里面看起来很开心的人，在走出大门的那一刻表情全部暗淡了下来。我仿佛可以听到他们的叹息声："唉！快乐已经结束了……"

　　这可能是一个比较极端的例子，但很多人或多或少都会在休息日结束后的第一天都会重复着同样的心理活动。

　　因此，我只能建议大家提前做好"心理建设"，关于这一点，我在前面提到过。

　　我知道，像我这样什么事都以"游戏人生"的态度去面对是很难的。但如果你能提前对自己进行心理建设，那么在假期结束后去上班或上学，就都能像去迪士尼乐园那样情绪高涨，每天的生活会变得快乐很多。

# 43

# 试着用一个字
# 概括人生的主题

其实，"极简生活"作为一种生活方式已经流行很久了。

所谓极简，有"单纯""朴素""简单"等各种各样的定义，而我实践的极简生活，是缩小人生中的愿景。

具体来说，当我辞去普通公司职员的那份工作时，我给自己写了一个"乐"字，并暗下决心今后要将这个字作为人生中的基本准则。

当时，我有很多空闲的时间，所以想了很多关于自己将来要过什么样的生活的事情，以及一些世俗的愿望。像是，我想用书法写下全世界人的名字，我想不费吹灰之力就能赚到很多钱，我想为自己的书法教室招收更多的学生……

当各种各样的想法浮现在我的脑海中时，我突然想到如果人生中只能专注于做一件事，我会做什么？如果要用一个字来概括人生的愿景,我会选择哪个字?

是诚实的"诚"?还是"心"或"强"?我考虑了很久,最后决定将人生中唯一的愿景用"乐"字来概括。

"乐",是享受和放松的意思。

将"乐"字作为人生中的基本准则有一个好处,那就是我可以根据这个准则去判断自己应该做什么,不应该做什么。它能够引导着我,让我不再感到迷茫和无措。

"乐"有以下4点含义。

①自己处于轻松(放松)的状态。

②能够发掘快乐。

③能够让别人感到放松。

④能够传递快乐。

如果察觉到自己并不轻松,我就会提醒自己放松下来。

如果察觉到某件事很无趣,我就会想办法让它变得有趣。

如果看到别人失落或难过,我就会帮助他重新获得笑容。

如果看到别人提不起兴致,我就会努力把快乐传递给他。

所以,我在决定做某件事之前,只会考虑两个问题:如果我很感兴趣,对方却觉得无聊,我就不会去做;如果对我来说很享受,但对其他人来说却很痛苦,我也不会去做。就这么简单。

漫画《金肉人》[①]中的主人公额头上有一个"肉"字，我觉得很有意思，也想学他在自己的额头上写个"乐"字。

显然这并不现实，所以我只能退而求其次，将写好的毛笔字"乐"挂在家里的玄关处和书法教室里。

世上有很多劝人吃苦的名言，像是"迷茫的时候，要选择最难走的路"，等等。但我绝对不会走难走的路，我会走那条看起来能够发掘很多乐趣的路，并想办法让自己走得更轻松、更享受。

也许正是这样的性格为我增加了很高的辨识度。很多人跟我说，他们在我身上看不到任何有关痛苦的痕迹，我总是能给人带来一种具有压倒性的"松弛感"。曾有几次，我甚至因为这样的性格，而无法顺利完成媒体的采访。因为我达不到某种节目效果，在我身上他们看不到想要的苦难。

当然，我不是在否认悲伤或痛苦。生而为人，我们必然会经历这样的情绪。对我而言，"乐"是一种生活准则。它就像一个指南针，在我迷路的时候，指引我前往该去的地方，帮助我返还故乡。

人生的关键字，是可以中途改变的。如果因为一次决定，便从此活在这个字的束缚中，我们又如何能真正地感受到"乐"呢？不过，我的立场从未变过，我所走过的路，都是为了"乐"。

---

① 《金肉人》，日本漫画家蛔仔煎创作的日本漫画作品。

"你是一个怎样的人？"

如果有人这样问，我一定会回答："我是一个为了'乐'而活的人。"

我不在乎别人是如何评价我的，因为我已经做出了遵从内心的选择。即使别人告诉我这是错的、指责我不该耽于享乐，我也不以为然。我不会轻易改变自己的人生准则，哪怕从事书法艺术工作并不轻松，我也不会放弃在其中寻找"乐趣"。

当然，如果我犯了别的错误，也会立即改正。但是对我来说，在建立人生准则为"乐"这一点上，是不容置疑的。

我发自内心地建议每个人都能用一个字去概括人生的主题。如果一个字很难，用两个字也可以。即使将来某天，你改变主意，想要换个字也没关系。现在，带着轻松的心情，为自己写下来吧。

你的人生可能会由此发生改变。

试着用一个字去概括人生的主题。如果有一天你迷失了方向，它就会把你带到正确的地方。

# 44

# 实现梦想也可能会像
# 去便利店一样轻松

　　我去过很多地方做演讲。有人告诉我，因为听了我的"方法不重要，结果才重要"这句话，他觉得人生开阔多了。

　　不过，很少会有老师在公共场所传授这个道理。

　　我想用我在前面提到的"乐"字来解释，为什么我能够秉承"三方皆好"的原则，在生活中轻松而自由地做出抉择。

　　"抉择"这个词在日语的语境中，似乎带有一种严肃的色彩。我所说的"抉择"更接近英语中"chioce（选择）"的意思。

　　如果一个芝士蛋糕和一个奶油蛋糕摆在你面前，而你被问道喜欢哪一个时，你可以毫不犹豫地做出选择："我想要奶油蛋糕……"

　　换句话说，不执着，不纠结就是"乐"。

做选择，可以像日常生活中去便利店一样轻松。

我们总是过于严肃地活着，所以在遇到一些事情的时候，倾向于把它看得很重、很认真。我身边的很多人都会责备自己"不够积极，应该再振作一点"。

每当我看到他们这样，都会提醒道："轻松一点，就像去便利店一样。"

试想一下，当你想去便利店时，你会纠结"要是不能去该怎么办""要是不去那家行不行"这种问题吗？

你可能只是因为恰巧肚子饿了，想买肉包、想吃饭团，顺便要支付水电费之类的。

即使是以这种轻松的方式做选择、做决定，"梦想"也可能会实现。就是这么简单。不过，还是和之前说的一样，比起一味地思考，采取行动更重要。

别人之所以认为我很快乐、从不感到沮丧，也许就是因为我总是采取这样的方式处理问题。

说到便利店，我还有一些想说的。如果店里的工作人员态度不好，我也不会生气。

我会想"有这样的人也很正常""他好奇怪，也许是生活中有难处吧……""算了，也许世上有这样的人反而是件好事"，等等。

更进一步说，我们不用拘泥于每个人都"必须要温柔地对待别人""必须要为社会做出贡献"这种思想。

待人接物时，用亲切温柔的语气讲话固然很好，但如

果有些粗鲁地将饮料一把递过去，或豪爽地告诉他们"想要什么自己拿"，对方也可能毫不在意地接受。

　　只有实际面对了这种情况，我们才知道自己会做何反应。重要的是，与其在做决定前一味地苦恼，不如像去便利店一样，用轻松的心情先行动起来。

# 后　记

　　本书于 2016 年首次出版。在那之后，世界发生了巨大的变化。

　　新型冠状病毒在全球肆虐，一下子改变了全世界人民的生活方式和价值观。一直以极快速度运行的文明仿佛突然被踩下了刹车。

　　生活在这样一个急剧变化的时代，对敏感的人来说是有利的。就像动物们一旦察觉到危险就会马上跑开一样，敏感的人一旦察觉到危险，也能提前进行防范。随着文明的发展，人类的感觉系统变得越来越迟钝。而敏感的人，在察觉到某些巨大的变化时，会采取相应的行动。这让他们在新的时代中能够先行一步。

　　每一个敏感的人都拥有丰富的感性世界。在一个充满创造力的时代，人工智能和机器人正在逐渐取代人类的工作，我们唯一能做的就是保持感性。而敏感，为我们带来了这种能力。

　　也许这样说有些夸张，但我认为敏感的人更容易接近宇宙的真理。

　　日常生活中被我们视为理所当然的事物，能在多大程度上让我们重获感动？风拂过脸颊的感觉、鸟儿的鸣叫、随风摇曳的树叶、温暖的阳光、孩子们的嬉笑、食物的口感、温暖的加热器、吹风机和吸尘器等便利设施——我们能在多大程度上仔细地感受与这些事物的每一次相遇？

如果我们能够敏感地察觉到世界赠予的每一份恩惠，就好了。作为一个书法家、一个艺术家，我每天都在创作新的作品。日常生活中每一次小小的感动，对我来说都尤为重要。我很享受自己的生活，享受这种能够被不经意的小事深深打动的生活。

我也很庆幸自己是一个敏感的人。每次受到感动之后，我都会从心底生出感激之情。对于敏感的人来说，这是最好的状态。接纳自己的敏感，并由衷地感谢它，生活会越来越轻松。

谢谢你读了这本书。如果敏感的你能够因此得到一些宽慰，我会很高兴。

2022 年 1 月吉辰　武田双云

最後に、一言。

いや、二言の筆文字

にてのなん

へのメッセージでしめようと

思います。

自分を責めないで。
そして
誰が何と言おうと
自分を愛して。

凡雲